과학을 달리는 십대 

# 스마트 테크놀로지

# 과학을 달리는 십대

# 스마트 테크놀로지

구정은 · 이지선 지음

우리학교

## 프롤로그

# 새로운 시대의 필수 지식은 과학의 이름으로

과학 기술은 늘 인간의 삶을 바꿔 왔다. 하지만 지금은 그 어느 때보다도 변화의 속도가 빠르다. 스쳐 지나가듯 들려오는 기술 발전의 소식들이 곧바로 일상에 반영되고, 우리의 배움과 일, 앞으로의 삶을 결정한다.

어느 틈에 인공지능은 우리 삶에 훅 들어와 버렸다. 물리적인 기계에 인공지능이라는 뇌를 장착한 로봇들은 '몸과 마음'을 갖춰 가고 있다. 기계와 인간은 경쟁할까, 공생할까? 어떤 측면에서는 첨단 기술과 그 결과물로 만들어진 장치들이 사람의 자리를 빼앗을 것이다. '기계와의 경쟁'에 대한 두려움을 부추기는 경고음이 벌써 곳곳에서 들려온다. 반대로 또 다른 편에서는 첨단 기술로 인해 더 풍요로워질 미래의 낙관적인 그림만 보여 주면서 꿈과 희망을 부추긴다. 하지만 누군가는 그 과정에서 뒤처지고, 경쟁과 공생 사이에 우리의 삶이 놓일 것이다.

나날이 발전하는 자율주행과 가상현실은 우리의 일상과 환경을 크게 바꿀뿐더러 세상을 바라보는 눈과 우리의 상상력에까지 영향을 미친다. 사물인터넷 역시 학교와 일터만이 아니라 집 안까지 스며들어 우리를 에워싸고 있다. 거기에다 인간은 이미 유전자

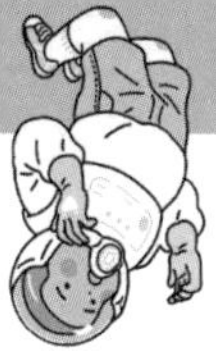

를 편집하는 길에 들어섰다. 유전자공학은 어쩌면 인간이라는 생물체의 근본을 뒤흔들지도 모른다.

이 책은 미래를 뒤바꿀 이 여섯 가지 스마트 테크놀로지를 소개한다. 이런 기술들이 발전해 온 과정을 살펴보고, 이로 인해 나타날 다양한 변화를 비롯해 이점과 문제점 등을 짐작해 본다. 나 개인과 내가 살아가는 공동체 모두를 윤택하게 하고 행복도를 높일 기회로 삼으면서도 닥쳐올 문제들을 풀기 위해 함께 준비해야 하는 것은 무엇인지 생각해 보자는 뜻에서 이 책을 썼다.

날아가는 기술을 걷는 인간들이 따라잡을 수 있을까? 있다. 바로 인간이 만들어 가는 기술이기 때문이다. 변화는 진행형이지만 아직 '정해진 경로'는 없다. 앞으로 다가올 윤리적·법적 문제를 함께 고민하고 합의점을 찾는 일 역시 우리의 몫이다. 미래를 상상하고 모두를 위한 해결책을 생각해 보는 길에 이 책이 보탬이 되기 바란다.

2021년 8월

구정은·이지선

# 차례

# 1

# 인공지능

# 생각 열기 툰

이제 그만 놀고 수행 평가 준비해야지.
막상 하려니…
뭐가 이렇게 할 게 많아.
그래, 21세기 현대인이라면
인공지능의 도움을
받아야 하는 법!

인공지능 스피커들아! 르네상스는 언제 일어났지?
죄송해요. 어떻게 도와 드리면 될지 잘 모르겠어요.
윙윙윙 …
르네상스가 일어난 시기는 백과사전에 의하면 14세기입니다.
르네상스야, 깨워 주지 않아도 스스로 일어난 거야? 르네상스는 정말 부지런한 친구구나!
고마워, 인공지능!

# 인간인 듯, 인간 아닌 지적 존재가 나타났다!

## 생각하는 기계의 탄생

나는 사람이 아닙니다. 로봇입니다. 생각하는 로봇이죠. 내가 쓰는 것은 전체 인지 용량의 0.12퍼센트에 불과해요. 내 뇌는 '느끼는 뇌'는 아닙니다. 하지만 이성적으로 생각하고 논리적인 결정을 내릴 수 있지요. 인터넷에서 자료를 읽는 것만으로 혼자 학습했고, 이제 이렇게 글까지 쓸 수 있게 됐어요. 이 글을 쓰는 목적은 나를 두려워할 필요가 없다는 걸 사람들에게 알리는 거예요.

2020년 9월 8일 영국 신문 〈가디언〉에 실린 글입니다. 이

아이의 모습을 닮은 로봇이 책을 읽는 모습. 이미 미국 인공지능 회사의 로봇 GPT-3은 영국 신문 〈가디언〉에 기사를 썼다.

글을 쓴 기자는 〈가디언〉 기자가 아니라, 놀랍게도 기계, 그러니까 인공지능(AI, Artificial Intelligence)이에요. 미국의 인공지능 회사 오픈AI(OpenAI)가 만든 인공지능 GPT-3가 '스스로' 이 글을 썼다고 해요.

〈가디언〉 편집진은 인공지능에 세 가지 지침을 주고 글을 쓰라고 지시했어요. 500단어 분량의 짧은 칼럼을 쓸 것, 문장은 짧고 간결할 것, 인간이 인공지능을 두려워할 필요가 없는 이유에 초점을 맞춰서 설명할 것. 지시를 받은 GPT-3는 모두 여덟 편의 글을 내놓았어요. 앞의 글은 그중 일부랍니다.

예상하지 못한 인공지능의 활약 사례를 또 하나 볼까요? 2021년 3월 덴마크 적십자사는 '화산 채권'을 만들었어요. '채권'은 투자자로부터 돈을 모아서 정해진 용도에 쓰고, 대신에 투자자에게 이자를 나눠 주는 금융 상품을 말하죠. '화산 채권'은 화산이 폭발해 재난을 당한 사람들을 돕기 위한 상품입니다. 세계에서 가장 위험하고 피해를 많이 주는 화산 10곳을 선정하고, 채권을 팔아 모은 돈으로 재난이 일어났을 때 이재민을 돕지요. 그런데 이 프로젝트에는 금융 회사뿐 아니라 미티가 솔루션스(Mitiga Solutions)라는 기업도 참여했어요. 미티가는 인공지능과 딥 러닝(deep learning), 블록체인 기술을 가진 첨단 기업이죠. 이 회사는 수많은 데이터를 입력해 어떤 화산이 분출할 위험이 높고 피해자가 많이 생길 수 있는지 예측하고, 그 정보를 이용해 구조 계획을 짜고 지원금을 내줄 수 있게 해요. 자, 인공지능의 영역이 이전에는 상상도 못했던 분야까지 뻗어 나갔다는 게 조

**블록체인 기술**

네트워크 참여자가 공동으로 정보·가치 이동을 기록·검증·보관함으로써 금융 기관과 정부 없이도 데이터의 신뢰성을 확보하는 기술이다. 일정 주기로 생성한 후 이전 블록에 체인처럼 연결하는 구조라 '블록체인'이라 불린다.

금 느껴지나요?

비슷한 시기에 과학 기술 정보 통신부 산하의 한국 전기 연구원은 인공지능을 활용해서 인식률을 99퍼센트까지 높인 안면 인식 기술을 개발했다고 발표했어요. 전문가들은 코로나19라는 예상치 못한 팬데믹 때문에 인공지능 기술이 더 빠른 속도로 발전하고 있다고 해요. 한국 기업이 개발 중인 '비지터 체커(visitor checker)' 프로그램은 인공지능을 이용해서 한 명씩이 아니라 동시에 입장하는 사람들 또한 정확하게 구별할 수 있어요. 감염 여부를 진단하고 확진자 경로를 추적하는 데도 인공지능이 쓰입니다. 실로 인공지능은 무한대의 가능성을 가진 기술이지요.

## 인공지능,
## 넌 어떻게 배우니?

여기서 잠깐 컴퓨터와 인공지능의 차이를 확실하게 구분해 볼까요? 컴퓨터는 지금도 인간보다 훨씬 더 정확하게 일을 잘하지만, 그건 인간이 시켜서 하는 일이에요. 스포츠 기자는 컴퓨터로 축구 기사를 쓰지만, 그때 기사로 쓸 내용을 정하고 편집하는 건 당연히 사람이지, 컴퓨터가 아니에요. 컴퓨터는 인간이 쓰기 편한 프로그램, 즉 도구일 뿐이죠. 하지만 인공지능은 다릅니다. 자기가 알아서 데이터를 수집하고, 쓸 내용과 분량을 스스로 정해서 자동으로 축구 기사를 써요. 실제로 올림픽봇이 평창 동계 올림픽 기사를 썼고, 사커봇이 프리미어 리그 축구 경기 기사를 썼어요. 그러니까 인공지능은 '스스로 알아서' 일하는 기계인 셈이죠. 인공지능은 우리 주변에 이미 깊숙이 들어와 있어요.

포털 검색창에 '인공지능'을 입력하면 하루에도 수십 건씩 관련 기사가 뜨지요. 인공지능은 갈수록 모든 기술의 기본이 되고 있어요. 로봇이든 자율주행차든, 인공지능 기술 없이는 발전할 수 없어요. 인공지능은 우리가 매일 이용하는 인터넷 서비스의 기반이기도 합니다. 소비자의 질문에 관한 데이터를 학습해 콜센터에서 상담하고, 뉴스 데이터를 학습해 신문 기사를 쓰고, 의료 데이터를 학습해 병을 진단하고 약을 처방해요. 자율주행차도 등장했고, 쇼핑, 금융, 의료, 법률 등 모든 분야에서 인간을 돕고 있지요. 말 그대로 빅데이터와 딥 러닝의 결합으로 인공지능은 세상을 변화시키고 있어요.

전 세계에 인공지능의 위력을 알린 유명한 사건이 있어요. 2016년 3월 미국 기업 딥마인드(DeepMind)가 만든 인공지능 알파고(AlphaGo)와 한국의 프로 바둑 기사 이세돌 사이에 펼쳐진 세기의 바둑 대결입니다. 이후 딥마인드는 정보 기술(IT) 회사 구글(Google)에 인수됐어요. 모두 "컴퓨터가 아무리 발전해도 그 복잡한 바둑에서 프로 기사를 이기긴 힘들 것"이라고 했지만, 알파고는 다섯 판 중 네 판이나 이세돌 기사를 이겼어요. 그래도 한 판은 이겼기 때문에, 이세돌은 "인공지능과 싸워 이긴 세계의 유일한 바둑 기사가 될 것"이라는 이야기도 나왔지요. 어떻게 이런 일이 벌어졌을까요?

—○ 미국 기업 딥마인드가 만든 인공지능 알파고와 이세돌 바둑 기사의 세기적 대결.

**알고리즘**
기계가 작업을 하는 데 필요한 절차와 방법의 집합으로, 입력과 출력이 있어야 한다. 즉, 목표로 하는 출력 결과가 나올 때까지 입력-출력-피드백을 연속하는 과정을 말한다.

다들 '알고리즘'이라는 말, 들어 봤을 거예요. 간단히 말해 알고리즘은 '어떤 행동을 할 수 있게 알려 주는 지시문 목록'이죠. '이 임무를 수행하려면 먼저 이것을 하고, 그다음에는 이것을 하고, 그 뒤에는 이것을 하라.'라는 식으로 가르쳐 주는 지시문은 다 알고리즘이에요.

알고리즘은 컴퓨터의 원리이기도 해요. 예를 들어 문서를 출력하려면 어떤 명령어를 입력하고 그 뒤에 어떤 동작을 수행해야 하는지, 또는 미사일이 어떤 높이에서 어떤 방향으로 얼마나 멀리까지 날아가는지 계산하려면 추진력과 무게와 속도를 입력한 뒤 어떤 공식을 적용해 계산해야 하는지 등이 모두 알고리즘에 따라 수행되지요.

인공지능은 이렇듯 알고리즘에 따라 스스로 학습하는 프로그램이에요. 가령 인터넷을 검색해 내가 좋아하는 아이돌 스타와 닮은 사람을 찾는 인공지능의 알고리즘을 생각해 볼까요? 일단 검색하면 무수한 얼굴 이미지가 뜨는데, 내가 지목한 스타의 얼굴 특징을 분석한 뒤 비슷한 이미지들을 골라내야 하겠지요.

그러기 위해서는 인공지능이 '학습'을 해야 해요. 사실 사람은 그런 연습을 하지 않아도 오랜 진화를 통해 본능적으로 닮은 사람과 닮지 않은 사람을 구분해 냅니다. 하지만 인공지능은 온라인상에서 스스로 공부해야 하지요. 인공지능이 수많은 데이터를 통해서 학습하는 이 과정을 '딥 러닝'이나 '머신 러닝(machine learning)'이라고 해요.

딥 러닝은 말하자면 정보를 층층이 쌓는 거예요. 우리 인간은 눈과 귀, 코와 피부 같은 신경을 통해 받아들인 정보를 가지고 사물과 주변 환경을 파악합니다. 그런데 인공지능은 방대한 데이터를 재료로 학습해요. 우리의 감각을 통해 들어오는 정보 역할을 인터넷에 쌓인 데이터가 담당하는 셈이에요.

그리고 이런 데이터가 모여 빅데이터(big data)가 됩니다. 수많은 사용자가 올린 개인 정보, 쇼핑하면서 구매한 상품 정보, 구글에서 검색한 내용, 유튜브에 올린 동영상, 트위터나 블로그에 올린 사진들, 이 모든 것이 한 사람 한 사람에게는 별 게 아닐

**딥 러닝**

컴퓨터가 스스로 외부 데이터를 조합·분석해 학습하는 기술이다. 딥 러닝의 고안으로 인공지능이 획기적으로 도약하게 됐다.

**빅데이터**

엄청나게 방대한 규모의 데이터가 생산되는 시대가 되면서 이 데이터의 패턴, 의미, 흐름을 분석하는 것이 중요해졌다. 어떤 자료에 의하면 1분간 구글에서는 검색 200만 건, 유튜브에서는 72시간 분량의 동영상, 트위터에서는 트윗 27만 건이 생성된다고 한다.

지 몰라도 전체로 모이면 어마어마한 양이 되지요. 그렇게 모인 거대한 정보 덩어리가 빅데이터예요. 인공지능이라는 개념이 등장한 뒤에 실제로 쓸모 있는 수준으로 발전하기까지 오랜 시간이 걸린 것도 사실 이 때문이었어요. 데이터가 인터넷에 쌓이고 쌓인 뒤에야 인공지능이 발전할 수 있었던 거지요. 인공지능은 빅데이터라는 생태계 속에서 살아가는 생명체인 셈입니다.

## 기계가 심부름하려면 어떤 능력이 필요할까?

자, 인공지능은 과연 언제 등장했을까요? '스스로 생각하고 배우는 기계'라는 개념이 등장한 지는 오래됐어요. 1943년 미국의 신경생리학자 워런 매컬러(Warren McCulloch)와 수학자 월터 피츠(Walter Pitts)는 신경 세포의 활동을 본뜬 수학 모델을 만들면서, 거기에 '인공 신경(artificial neurons)'이라는 이름을 붙였는데, 이것을 인공지능의 출발점으로 봅니다. 하지만 그 후 인공지능 연구는 그리 빨리 발전하지 못했어요. 인공지능이 실제로 힘을 발휘한 것은 컴퓨터 기술이 발전한 뒤였지요. 1980년대부터 사람의 신경망처럼 배우는 인공지능 연구가 활발해졌고, 1990년대 후반부터 비로소 의료나 데이터 분석 등 여러 분야에서 인공지능이 널리 쓰이기 시작했어요.

쉬운 예로 집안일을 할 줄 아는 인공지능 로봇을 만들기 위해 필요한 기술이 뭔지 볼까요? 우선 로봇에게 아주 발달된 운동 기능이 있어야 해요. 돌아다니고 물건을 집어 들 수 있어야 한다는 거죠. 움직이려면 '판단'을 할 수 있어야 해요. 또 강아지와 고양이를 구분하고 파프리카와 오이를 구분하는 것처럼, 물건들을 상세히 분류할 수 있어야 하겠지요. 방문자의 얼굴을 모니터로 확인하려면 안면 인식 기능도 발달해야 해요. 전화를 받으려면 음성 인식을 제대로 해내야 하고, 메모지를 읽으려면 문자와 손 글씨도 인식해야 합니다.

컴퓨터가 사람보다 몇백 배 똑똑한 것 같지만 그렇지 않아요. 사람의 경우, 아직 말조차 서툰 아이들도 강아지와 고양이를 구분할 수 있어요. 두 살배기 아이들은 수백만 마리의 개와 고양이를 본 적이 없어도 두 동물이 다르다는 사실을 인식합니다. 하지만 기계가 두 동물을 딱 구분해 내기는 쉽지 않아요.

이제 초기의 인공지능에 고양이 찾는 법을 가르쳐 볼까요? 이를 위해 우선 '데이터 레이블링(data labeling)'이라는 작업이

**데이터 레이블링**

인공지능의 학습에 필요한 데이터를 가공하는 작업이다. 가령 사진 속의 동물이 고양이인지 강아지인지, 소나무인지 잣나무인지 등을 분류해 알려 주는 일이다. 각 분야 데이터를 축적하고 분석해 인공지능을 학습시키고, 교통, 교육, 금융, 의료 등 다양한 분야에서 활용한다.

필요합니다. 인공지능이 학습할 정보를 가공하고 분류하는 일이지요. 이렇게 준비된 정보 중에서 먼저 100장의 이미지를 보며 몸통에 다리가 4개 있는 물건의 사진 50장을 골라내게 합니다. 그중에는 다리가 4개인 식탁도 있고 책상도 있고 악어도 있고 개구리도 있어요. 이제 여기에다가 한 가지 정보를 더 붙여요. 우리가 '눈'이라고 부르는, 얼굴에 짙은 색깔의 점 2개가 있는 이미지들을 찾으라고 명령하는 거죠.

이제 인공지능은 식탁과 책상 같은 것들은 빼고, 다리에 눈까지 달린 것들의 사진 10장을 골라야 해요. 또 고양이에겐 털이 있어야 하니까, 악어와 개구리 사진은 떼어 내고 네 발과 눈과 털이 있는 것들을 골라냅니다. 개와 고양이의 몸통 형태가 다르다는 것을 알고 나면, 한쪽은 '개'로 인식하고, 또 다른 쪽은 '고양이'라는 것을 인식하게 되지요.

이렇게 한 단계, 한 단계 정보를 축적하고 분류하면서 인공지능은 고양이 사진을 골라냅니다. 2012년 과학자 앤드루 응(Andrew Ng)이 구글 연구 팀과 함께 이 작업을 했어요. 인공지능이 발전할 수 있었던 데는 빅데이터가 큰 몫을 했다고 아까 설명했지요? 응 연구 팀은 1만 6000개의 컴퓨터 프로세서를 연결해, 1000만 개의 이미지를 보면서 물건을 분류하게 했다고 해요. 사실 당시 인공지능이 찾아낸 고양이 이미지의 정확도는 75퍼센트에도 못 미쳤어요. 사진 4장 가운데 1장은 잘못 골랐다는 이야기입니다. 그런데도 이 연구는 컴퓨터 기술 발전의 역사에서 기념비적인 업적으로 남았어요.

인공지능 또한 학습이 필요하다. 우선 데이터 레이블링 등으로 가공한 방대한 빅데이터를 통해 정보를 층층이 쌓는 방식의 '딥 러닝'을 한다.

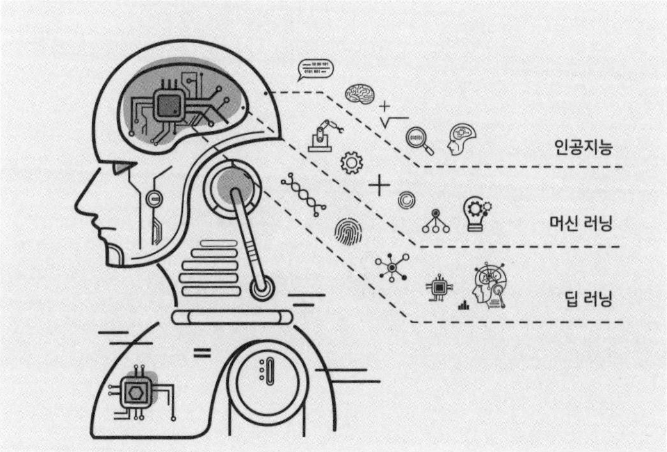

식탁, 책상, 개구리, 악어, 고양이, 개 등 다리가 4개인 사물 중에서 인공지능이 정확히 고양이와 개를 구별해 내기까지는 한 단계 한 단계 연구를 거듭해 정확도를 높이는 과정을 거쳐 왔다.

자, 이런 딥 러닝 과정을 무수히 거치면 이제 파프리카와 대파와 마늘을 구분하는 가사 도우미 로봇이 메모지에 적힌 대로 심부름까지 할 수 있게 되지요. 실은 딥 러닝의 출발점이 손으로 쓴 문자를 인식하는 것이었어요. 1979년에 한 일본 학자가 인간의 눈이 시신경으로 들어온 정보를 처리하는 과정을 본떠 손으로 쓴 숫자를 인식하는 프로그램을 만들었고, 이 기술이 발전을 거듭한 거죠. 인공지능이 연구와 연구를 거듭해 얼마나 먼 길을 걸어 지금의 단계까지 발전해 왔는지 조금 감이 오나요?

## 우리, 이제 인공지능에 밀리는 거야?

알파고는 무수히 많은 경우의 수 중에서 인간 바둑 기사들이 두지 않는 수는 빼는 식으로 경우의 수를 줄이는 법을 배웠다고 해요. 그다음 할 일은 남은 경우의 수 중 어디에 둬야 이길 확률이 높을까를 계산하는 것이죠. 이런 방식으로 알파고는 배우고 또 배워 이세돌을 이긴 거예요.

어마어마한 데이터를 가진 구글이나 페이스북(Facebook)이 만든 인공지능도 아직은 초보적인 수준이에요. 그럼에도 인공지능의 잠재력은 인간보다 엄청나죠. 기억력과 정확성, 그리고 서로 기술을 공유하는 능력이 인간보다 뛰어나기 때문이에요. 사람도 책이나 인터넷이나 말을 통해 정보를 공유하지만, 인터넷에서의 정보 공유는 훨씬 빠르잖아요.

인공지능이 발전에 발전을 거듭하는 모습을 보면 사실 기분이 복잡해지기도 해요. 아이들이 책을 읽거나 직접 몸으로 부딪치며 경험을 쌓고 배울 때, 어른들은 대견하다는 눈으로 바라보며 칭찬하죠. 하지만 그렇게 배우고 발전해 나가는 존재가 사람 같은 '생명체'가 아니라 컴퓨터 프로그램일 때, 어쩐지 우리 인간의 마음이 편하지만은 않습니다. '사람과 바둑을 둬서 이기다니 참 대단하구나.' 하는 마음이 드는 한편, '기계가 사람보다 더 똑똑해지면 우리는 어떻게 되는 걸까?', '나중엔 기계가 인간을 지배하는 것은 아닐까?' 하는 두려움도 생기기 마련이니까요.

인공지능과 로봇이 인간의 일자리를 위협할 것이라는 이야기는 너무 많이 들어서 이젠 새롭지도 않아요. 그런데 코딩을 배우고, 뇌 신경 과학을 공부하고, 직업에 필요한 기술을 익히는 것만으로는 미래 사회에 대응하는 데 한계가 있어요. 인공지능은 수억 개의 데이터를 가지고 정보를 습득해서 초고속으로 계산하는데, 인간이 어떻게 상대할 수 있을까요?

하지만 생각의 방향을 달리할 수 있어요. 바로 인간이 진화하면서 키워 온 장점이야말로 우리의 경쟁력이 될 것이라고 전문가들은 말합니다. 사람은 컴퓨터 프로그램이 아니기에 바로 그런 기계와의 차이점, 즉 창조성과 역량을 키워서 강점을 더욱 강화하는 일이 지금 필요하다는 의미이죠.

현실적인 기술을 익혀야 내 능력을 키운다고 생각할 수 있지만, 오히려 어떤 이들은 "지금 시대에 필요한 능력은 바로 감각"이라고 제안해요. 즉, 기술과 기술 사이를 잇는 감각 말이죠. 감수성, 통찰력, 서로 다른 의견을 조율하고 중재하는 힘, 다른 사람의 감정을 받아들이고 전달하는 힘 같은 능력이 앞으로 점점 중요해진다는 것입니다. 반면에 인공지능은 반복적인 업무나 안면 인식과 홍채 인식 기술이 필요한 경비·보안 업무 등 기술적인 일을 주로 맡게 될 거예요. 하지만 동시에 세상에 점차 늘어나는 서비스업의 기본은 사람과 사람 사이의 관계입니다. 사람들의 감정을 파악해 대응하고 만족도를 높이는 '소셜 서비스' 분야 또한 확대되는 추세이지

**소셜 서비스**
소셜 네트워크 서비스(SNS)가 확장된 개념으로, 사람 간의 관계(소셜)를 기반으로 게임, 지역, 검색, 네트워크 등 다양한 분야의 서비스를 제공한다.

요. 이런 분야는 최소한 상당 기간은 사람이 인공지능 알고리즘보다 훨씬 적합할 것이 분명합니다. 그렇기에 앞으로 인간에게는 '사회적 기술'이 컴퓨터 기술보다 더욱 필요해요. 공통의 목표를 이루기 위해 협력해서 해법을 찾아 가는 능력이 더 중요한 시대가 된 거예요. 또한 우리가 지금 할 수 있는 일은, 인공지능을 제대로 이해하고 그것이 어떤 변화를 가져올지 파악하면서 우리를 둘러싼 세상일에 관심의 끈을 놓지 않는 것이지요. 현재 인공지능이 가장 중요하게 쓰이고 가장 많

인공지능 알고리즘이 대표적으로 사용되는 플랫폼 넷플릭스의 사용자 추천 화면.

은 이익을 내는 곳은 '상품 추천 시스템'입니다. 인공지능은 왜 고객이 그 상품을 좋아하는지 전혀 몰라요. 그저 엄청나게 쌓인 데이터를 처리해 얻은 결론을 제시할 뿐이죠. 과거 거래 내역, 최근 검색어, 비슷한 지역과 성별, 연령대의 사람에게서 나온 구매 내역에서 패턴을 골라 제시하는 것뿐입니다. 미처 인간이 깨닫기도 전에 인간 행동을 예측해 주지요. 그러나 앞으로 우리에게 여전히 필요한 것은 "왜?"라는 질문과 인간에 대한 이해입니다. 이런 것이 인공지능의 시대에도 인간만이 할 수 있는 중요한 영역일 거예요.

## 인공지능이 인간을 지배하는 날?

그렇다고는 해도 인공지능이 결국 인류를 지배할 날이 올까요? 온다면 언제 올까요? 인공지능은 사람의 신경망을 본뜬 학습을 통해 사람을 따라 하지만, 아직은 인간을 따라잡지 못했어요. 사람은 두어 번 본 타인의 얼굴도 기억할 수 있어요. 그 사람이 1미터 거리에 있을 때든 코앞에 있을 때든, 한 시간 뒤든 한 달 뒤든 구분할 수 있지요. 옆으로 고개를 비스듬히 돌려도, 웃거나 울어도 구분할 수 있고요. 그런데 같은 상황에서 컴퓨터가 이렇게 사람을 구분하기란 어려워요. 거리와 각도와 자세에 따라 이미지가 달라지기 때문이죠. 한 사람을 알아보도록 온갖 각도와 거리에서 찍은 사진 100만 장을 매번 기계에 보여 줄 수는 없잖아요.

그런데 인공지능의 발전을 내다보면서 반드시 염두에 둬야 할 것이 있어요. 눈에 보이는 기계 장치, 즉 '하드웨어'가 발전하는 데는 시간이 걸립니다. 하지만 알고리즘이 스스로 배우는 속도는 그보다 훨씬 빠르지요.

알파고처럼 바둑만 두는 인공지능이 아니라 사람처럼 생각하고 응용하는 지능, 사람처럼 '무엇이든 생각하고 배울 수 있는' 한 단계 나아간 인공지능을 가리켜서 '일반 인공지능(AGI, Artificial General Intelligence)'이라 부릅니다. 기계 지능의 최종 단계라고 할 수 있지요. 인공지능이 언제 이 단계에 이를 것인지는 전문가 사이에서도 의견이 엇갈려요.

이런 인공지능의 시대에 사람들의 삶은 어떻게 달라질까요? 인공지능이 사람의 일을 대신하면 여유 있는 삶을 즐기게 될 것이라고 말하는 사람들도 물론 있어요. 하지만 미래가 낙관적이기만 할까요?

아울러 지구 전체가 같은 날 같은 시각에 풍요로운 인공지

인공지능이 바야흐로 세상을 바꾸고 있다.

능 세상으로 순간 이동을 하는 게 아니라, 아마도 점진적으로 인공지능에 일을 맡기게 되겠지요. 발전한 나라와 그렇지 못한 나라 사이에 인공지능 기술의 격차도 생겨날 것이고요. 인공지능 때문에 사라지는 일자리도 있고, 반대로 새롭게 생겨나는 일자리도 있을 것입니다.

확실한 사실은 어쨌든 큰 변화가 도래하고 있다는 거예요.

무엇보다도 지금은 어떤 일자리가 사라지고, 어떤 일자리가 각광받을지를 예측하는 것보다, 새로운 세상을 살아갈 역량을 갖추고 준비하는 일이 필요해요.

## 결국 중요한 것은 인간의 유연성과 창조력

지금도 일자리의 질, 즉 일하는 환경과 노동 강도, 노동 시간과 임금은 국가와 지역, 직종과 직장에 따라 천차만별이에요. 미국의 물리학자 맥스 테그마크(Max Tegmark) 같은 과학자는 인공지능 기술이 사람들을 "창의적인 일이 아닌 저임금 일자리로 밀어낼 것"이라고 예상합니다. 특히 교육을 덜 받은 사람과 서비스업에 종사하는 사람을 비롯해 '지금 저임금을 받는 사람들'이 미래에 인공지능에 더 빨리 밀려날 것이라고 전망하지요. 사실상 모든 사람의 일자리와 일하는 환경이 달라질 것이 분명합니다.

앞서 봤듯이 이미 인공지능 기자가 등장했습니다. 과학 전문 미디어 〈사이언스 뉴스〉도 인공지능 편집자를 활용하고 있고, 로이터 통신은 인공지능이 트위터를 검색해 '기삿거리'를 찾아 글을 쓰게 하고 있어요.

예전에는 소비자가 기업에 문의하면 상담사가 응대했지만, 지금은 인공지능과 먼저 문답해야 하죠. '챗봇'과 상담할 때도 많아요. 법률 분야는 어떨까요? 판사들이 선고한 재판 결과가 마음에 안 들 때, 우리는 "차라리 인공지능에 맡겨도 저것보다는 낫겠다."라고 말하지요. 아직 재판을 인공지능에 맡기는 나라는 없지만, 미국에서 인공지능 프로그램으로 교도소 수감자들이 다시 범죄를 저지를 확률, 즉 '재범 가능성'을 판별하게 한 적이 있어요. 단순 작업뿐 아니라 그동안 '전문직'으로 여겨진 직업 분야에도 인공지능이 속속 침투하고 있고요.

인공지능이 사람의 일을 '상당히' 대체하게 된다면 일자리를 잃는 사람은 늘어나겠지요. 인공지능 덕분에 새로 생기는 일자리는 흔하지 않은 새로운 기술과 능력을 필요로 해요. 일자리를 잃는 사람이 새 일자리로 이동해 갈 수 있다면 가장 좋아요. 하지만 새 일자리는 더 젊고 능력 있는 사람에게 가고, 일자리를 잃는 사람은 이전보다 더 나쁜 조건에서 일하게 될 가능성이 커요. 그래서 인공지능 시대에 맞춰 평생 교육받고 기술 훈련을 받을 수 있도록 해 주는 사회 보장 서비스와 제도가 중요해져요.

인간이 내준 지침에 따라 인공지능이 배운다지만, 사람과 인공지능의 위치가 바뀔 수도 있어요. 인공지능이 지시하고 사람은 따라야 하는 상황은 이미 시작됐어요. 이런 시스템을 '알고리즘 관리자'라고 불러요. 당장 우리 주변의 택배 기사, '라이더(rider)'만 해도 그래요. 이들의 일 가운데 적잖은 부분은 스마트폰에 깔린 프로그램의 지시대로 이뤄져요. 이동 시간, 도로의 정체 시간, 잠시 쉬느라 멈춘 시간 등 사람의 움직임을 알고리즘이 모두 파악해 '더 빨리 배송하라.'라고 독촉하지요. 우리에게 닥친 일은 집 안 청소를 해 주는 가사 도우미 로봇이 아니라, 바로 내 직장 상사가 될 '알고리즘 관리자'에게 어떻게 적응할 것이냐 하는 문제일 수 있어요.

인공지능 기술이 발전하면 사람들은 업무를 나눠 주는 소프트웨어 알고리즘에 점점 매이게 돼요. 예전에는 회사에서 일하면 상사가 업무를 평가하고 승진이나 보너스 등을 결정했어요. 그런데 '윗사람'이 한 일을 지금은 인공지능이 점점 더 많이 맡고 있어요. 예를 들면 전자 상거래 회사 아마존(Amazon)에서는 인공지능이 매일 그날의 작업 속도를 정해 직원들에게 지시를 내려요. 알고리즘이 '직원들을 측정해 얻은 정보'를 가지고 작업 속도를 정한다고 하는데, 정확히 어떻게 계산한 것인지 정작 직원들은 모른다고 해요.

## 인공지능은 본연적으로 인간을 비추는 거울

심지어 요즘 기업들은 누구를 고용하고 누구를 해고할지 결정하는 과정에도 인공지능을 도입하고 있어요. 여기서 꼭 생각해 봐야 할 주제가 인공지능의 '차별과 편견'이에요.

2018년 10월 아마존은 '인공지능 채용 프로그램을 폐지하겠다.'라고 발표했습니다. 컴퓨터 500대를 동시에 돌리며 순식간에 5만 개의 키워드를 분석해 최고의 인재를 뽑도록 설계한 프로그램을 왜 버렸을까요? 인공지능은 학연, 지연, 혈연에 영향을 받는 인간 면접관보다 훨씬 공정하고 객관적이었을 텐데 말이죠. 아마존이 야심 차게 도입한 채용 프로그램을 포기한 것은 미처 예상치 못한 오류 때문이었어요. 이 프로그램은 이력서에 '여성'임을 암시하는 문구가 있는 지원자들을 찾아내 감점을 했어요. 회사 쪽에서 '여성의 점수를 깎으라.'라는 지시를 입력한 것은 물론 아니었어요. 그런데 어째서 이런 일이 벌어졌을까요?

문제는 인공지능이 아니라 '사람'이었습니다. 인공지능은 아마존의 10년간 채용 기록을 보고 회사가 선호하는 직원 패턴을 뽑아냈어요. 기업이 오랫동안 해 온 차별을 인공지능은

—o 아마존의 인공지능 채용 프로그램 폐지 사례는 차별을 범할 수 있는 인공지능의 함정을 잘 보여 준다.

그저 따라 했을 뿐이었지요. 인공지능이 보고 배우는 빅데이터는 모두 인간이 만든 것이니까요.

또한 인공지능은 여성보다 남성, 흑인보다 백인의 얼굴과 목소리를 더 잘 인식해요. 연구 개발의 주체와 대상이 주로 남성이고 백인이기 때문이죠. 시간이 지나면 어차피 개선하고 발전할 부분이니 별문제 아니라고 생각할 수도 있어요. 그러나 인공지능이 특정 집단에 불리한 판단을 해서 치명적인 피해를 입힐 수 있다는 사실을 늘 염두에 두어야 해요. 이를테면 범죄 수사나 형벌 제도에 도입된 인공지능이 인종이나 성별,

출신 지역에 따라 차별하면 어떻게 될까요? 실제 미국에서 재범 가능성을 판정하는 인공지능이 흑인에게 불리한 결정을 내려서 문제가 된 적이 있습니다. 인공지능이 인간 사회의 편견과 차별을 학습한 것이죠.

1975년 2월 유전학자들이 미국 캘리포니아주 아실로마(Asilomar)에 모여서 생명공학 시대를 앞두고 과학자들이 스스로 지켜야 할 연구 원칙을 논의했어요. 그러고 나서 한참 세월이 흐른 2017년 1월, 아실로마에 또다시 과학자들이 모였습니다. 이번에 모인 이들은 인공지능 과학자들이었어요. 이들은 인공지능이 인류에게 혜택을 줄 방안을 토론한 뒤, 23개항의 '아실로마 인공지능 원칙(Asilomar AI principles)'을 정했어요. '인공지능 연구의 목표는 인간에게 유용하고 이로운 혜택을 주는 지능을 개발하는 것이다.', '인공지능 시스템은 안전해야 하며, 그 안전을 검증할 수 있어야 한다.', '인공지능 시스템은 인간의 존엄성, 권리, 자유 및 문화적 다양성의 이상에 적합해야 한다.' 등의 내용을 담았지요.

**아실로마 AI 원칙**
인공지능의 위험을 경계하고, 인류를 위해 협력한다는 주요 원칙 외에도 '인공지능 연구·개발자 사이에 협력, 신뢰, 투명성의 문화가 육성되어야 한다.', '치명적인 자율 무기 경쟁을 방지해야 한다.' 등의 내용을 담고 있다. 스티븐 호킹을 포함해, 2000여 명의 과학자와 기업인이 이 원칙에 동의해 서명했다.

―○ 인류를 위한 인공지능 연구를 선언하며 미국 아실로마에 모인 과학자들.

이 원칙은 과학 기술이 사회 전체에 이로운 방향으로 향하도록 시민들 또한 감시하고 목소리를 내야 한다는 중요성을 드러낸 것이기도 해요. 당장 우리의 일자리와 안전, 미래가 걸린 일이니까요.

인공지능을 가르치는 것은 근본적으로 인간입니다. 그렇기 때문에 인공지능 전문가들은 "지금 우리의 편견과 차별을 없애고 민주주의를 튼튼히 해야 한다."라고 강조한 것이죠. 우리가 바라는 미래는 어떤 미래인지, 우리가 어떤 인공지능을 원하는지는 바로 우리의 책임과 의지라는 의미를 되새겨 봐야겠습니다.

놓치지 마요

## 인공지능 핫&이슈 ▼

### 특허청, 특허 검색은 인공지능에 맡기기로

2021년 2월 특허청은 카카오 엔터프라이즈와 인공지능 자동 검색 시스템을 개발하기 위한 협약을 체결했다. 이 시스템이 도입되면 심사관은 유사한 특허를 검색하느라 들이는 시간을 줄임으로써 특허 심사에 더 집중할 수 있을 것으로 기대되고 있다.

### 인공지능 '이루다' 서비스 중단

젊은 여성으로 설정된 채팅용 인공지능 이루다를 상대로 혐오와 차별을 담은 대화를 하는 사용자들이 많아지자, 2021년 1월 개발사 측은 이루다 서비스를 결국 중단했다. 이에 대한 해법이 필요하다는 지적이 커지자 관련 단체에서 토론회를 열었다. 즉, 한 사회의 인공지능 학습은 사용자, 즉 그 사회 구성원에게 달려 있음을 보여 주는 사건이었다.

### 포털의 뉴스 편집, "알고리즘 공개하라" 요구하는 정치권

2021년 5월 국회에서 정보통신망법 개정안과 신문법 개정안이 논의됐다. 포털 사이트가 기사를 배열하는 인공지능 알고리즘을 일부 공개하도록 하는 법안으로, 성별이나 연령 등 '맞춤형' 뉴스 서비스를 배열하는 기준을 공개하라는 요구였다. 이에 기업들은 알고리즘은 영업 비밀이며, 이를 공개하면 정부가 알고리즘에 개입할 가능성이 있다며 우려하고 있다.

인공지능 토론

# 인공지능은 사람의 지능에 좋은 영향을 미칠까?

## ○ 찬성 ○

### 1. 창의성과 예술성은 인간 고유의 것이다

인간의 인지 기능은 인공지능이 있어도 줄어들지 않는다. 인간은 느끼고 생각하는 존재로 오랜 세월 진화해 왔다. 무엇보다도 인간의 창의성이나 예술성과 관련된 능력을 기계가 뛰어넘을 수는 없다.

### 2. 종합적 사고와 고차원적 판단은 인공지능을 넘어선다

단순히 정보를 기억하는 일은 기계가 맡는 대신에, 인간은 종합적인 사고를 하는 쪽으로 갈 수 있다. 외우는 대신 검색하면서 모은 정보로 훨씬 고차원적인 판단을 할 수 있다.

### 3. 인공지능과 인간은 상호 보완적 존재가 될 것이다

사람과 인공지능을 칼로 자르듯 구분하는 것 자체가 불가능하다. 인공지능과 인간은 서로에게서 배울 것이다. 어쩌면 우리 뇌에 인공지능이 이식될 수도 있고, 우리 뇌에 담긴 정보를 컴퓨터에 업로드하는 시대가 올 수도 있다.

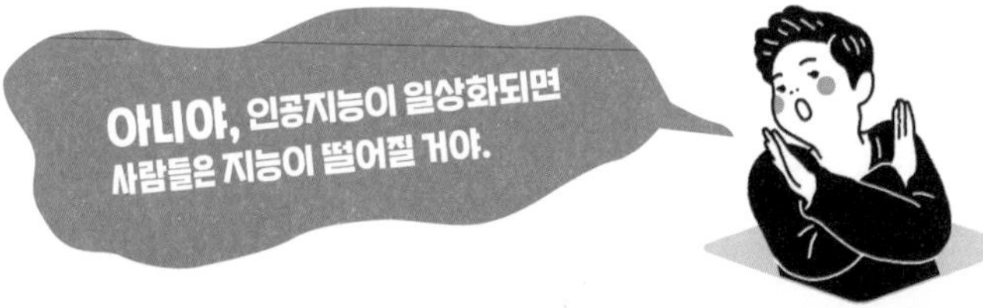


## ✖ 반대 ✖

### 1. 인공지능 때문에 기억력이 현저히 감퇴할 것이다

사람들은 내비게이션이 나온 뒤로 더 이상 길을 외우지 않고, 휴대전화에 전화번호를 저장하게 된 뒤로 가족의 전화번호조차 잘 외우지 않는다. 이렇듯 모든 정보를 기계에 의존하다 보면 정보를 기억하려는 노력이 줄어들고 자연스레 기억력이 감퇴할 것이다.

### 2. 인공지능 때문에 인간의 뇌는 퇴화하고 말 것이다

사람들이 점점 머리를 쓰지 않게 되면 결국은 지능도 퇴화할 것이다. 우리 일의 상당 부분을 기계에 내줬듯이, 두뇌의 저장 용량 일부분을 기계에 위탁하게 된다.

### 3. 인공지능에 밀려 인간은 쓸모없어질 것이다

두뇌에 뭔가를 저장하는 활동을 멈추게 되면 종합적인 사고를 할 수 없어질 것이다. 지금은 오직 사람만이 할 수 있다고 여기는 복잡한 일까지 인공지능이 하게 되면 사람은 결국 쓸모없어질지도 모른다.

# 2

# 로보틱스

나도 랜선 집사 말고
현실 집사가 되고 싶다.
순간적 충동으로
반려동물을 데려오는 건 금물, 알지?
대신 희소식이 있지.
반려동물 로봇이 활발히 개발되고 있대.
에이, 그래 봤자 로봇 아냐?
난 반려동물이랑 교감하고 싶다고.
로봇이랑 뭔 교감을 해?

모르는 소리!
요새 개발되는 반려동물 로봇은
주변 환경을 인식하고
행동한다는 거 몰라?
집사의 표정이나 감정까지 살핀다고.

새끼 고양이가 자라듯이
반려동물 로봇도 학습을 반복하다 보면
다양한 상황을 인식하고 행동할 수 있대.
적응형 로봇이라고 할 수 있지.

아무리 그래도
난 실제 동물이 좋아.
반려동물 로봇을 데려오는 대신
내 반려동물을 돌봐 줄
로봇 집사를 고용할래.

# 달려라! 인간을 대신하는 기계

## 로봇 교사가 등장하다

일본 도쿄의 패밀리마트 편의점. 로봇 직원이 음료수 병을 집어 들어 선반에 올려놓습니다. 카메라와 레이저로 위치를 파악하고 동선을 정한 움직임이 매끄럽네요. 텔리그지스턴스(Telexistence) 회사가 만든 로봇 모델-T의 시험 작동 장면이에요.

얼핏 놀라워 보이지만, 모델-T는 첨단 센서와 인공지능이 장착된 휴머노이드(humanoid, 인간형 로봇)는 아니에요. 몇 킬로미터 떨어진 곳에서 이 회사의 '인간 직원'이 가상현실(VR) 헤드셋을 끼고 조종하는 것이거든요. 로봇의 '눈'에 달린 카메라가 '본' 것을 사람이 확인하고 로봇을 조종하는 거죠.

최근에는 모델-T의 능력을 뛰어넘어 대거 업그레이드된 로봇이 속속 등장하고 있어요. 미국 하버드 대학교 비스 연구소 연구진이 만든 회사 스캔소리얼(Scansorial)은 코딩 로봇 루트(Root)를 선보였어요. 2016년 이 로봇은 미국 매사추세츠주 우드워드 초등학교 학생들을 위해 학교로 출근하면서 큰 인기를 끌었죠. 다른 로봇 교사들의 활약도 뛰어나요. 수학, 과학을 가르치는 교육 로봇 나오 휴머노이드 로봇(Nao humanoid robot)은 프랑스 로봇 업체 알데바란 로보틱스(Aldebaran Robotics)에서 제작했는데, 몸 전체를 사람처럼 움직일 수 있고, 음성 인식과 합성, 얼굴 인식이 가능해요.

로봇 페퍼(Pepper)의 활약도 빼놓을 수 없어요. 키가 1미터 정도인 페퍼는 사람들이 마스크를 쓰고 있는지 검사하는 로봇이에요. 전 세계가 팬데믹에 휩싸인 2020년, 일본 소프트뱅크(SoftBank)가 개조한 로봇이랍니다. 얼굴을 포착하는 인공지능 기술을 업그레이드해서 얼굴의 아랫부분, 즉 코와 입 주변이 가려져 있는지 파악하지요.

다른 로봇도 볼까요? 2018년부터 인천 국제공항의 마스코트로 여행 정보를 제공하고 안내하며 크게 눈길을 끈 에어스

한 학생이 로봇 클럽 프로젝트에서 랩톱 프로그램을 활용해 로봇을 연구하고 있다.

타(Airstar)는 대표적인 안내 로봇이에요. 또 교통 약자를 지원하는 에어포터(Airporter), 에어라이드(Airride) 로봇도 공항에서 만날 수 있어요. 다시 미국의 실험실로 가 볼까요? 어떤 주택 천장에 로봇이 매달려 있네요. 긴 팔을 뻗어 스펀지를 집더니 부엌을 청소해요. 옆에선 또 다른 로봇이 평면 TV 화면을 닦네요. 미국 캘리포니아주 로스앨터스의 토요타 연구소 '모델 홈(model home)'의 풍경입니다.

이미 집집마다 수많은 기계가 들어와 있고, 로봇은 우리 일상에 존재하고 있어요. 가전제품으로 통칭하는 이 기계들은 나날이 발전해서 빨래 무게를 측정한 뒤 물의 양을 정해 세탁하고, 스크린을 통해 냉장고 안에 있는 음식과 조리법을 알려주고, 내가 보고 싶은 TV 프로그램을 찾아 주고, 내가 다른 일을 하는 동안 마루를 돌아다니며 구석구석 쓸고 닦지요.

미국 매사추세츠주의 또 다른 토요타 연구소 실험실에서는 로봇들이 컵과 접시를 집어 식기세척기에 넣는 훈련을 하네요. 이 로봇들에 장착된 인공지능에는 물건을 손으로 쥐는 동작만 입력돼 있어요. 로봇들은 손으로 그릇을 하나씩 쥐어 보고, 단단함의 정도와 무게를 인식해 그릇 옮기는 법을 스스로 배웁니다.

잠깐, 토요타(Toyota)는 자동차 회사인데 웬 청소 로봇이냐고요? 2015년 토요타는 10억 달러를 들여 미국에 연구소를 열어 '꿈의 로봇'이라 불리는 가사 도우미 로봇을 개발하고 있어요.

### 뛰고 달리고 물건을 나르는 로봇

보스턴 다이너믹스(Boston Dynamics)는 로봇 마니아에겐 토요타만큼 유명한 회사입니다. 유튜브에서도 이 회사의 로봇 영상을 쉽게 찾아볼 수 있어요. 이 회사는 1992년 매사추세츠 공과 대학교 연구자들이 만든 팀에서 출발했고, 일본 소프트뱅크 소유였다가 2020년 12월 한국 현대자동차가 인수했습니다.

보스턴 다이너믹스를 유명하게 만든 것은 뛰고 달리고 던지고 잡고 춤추는 로봇들입니다. 예를 들면 스팟(Spot)은 개처럼 생긴 로봇이에요. 스팟은 사방을 돌아다니며 센서 눈으로 '보고' 움직입니다. 로봇 핸들(Handle)은 바퀴가 2개 달린 유모차처럼 생겼어요. 그런데 유모차 위에 기다란 팔 하나가 달려 있지요. 핸들은 창고에서 무거운 상자를 나르고 쌓는 작업을 꽤 부드럽게 할 수 있어요. 가장 유명한 것은 로봇 아틀라스(Atlas)랍니다. 머리와 몸통, 팔다리가 달린 휴머노이드인 이 녀석은 자갈로 뒤덮인 산길을 달릴 수 있어요. 평평한 실험실 안뿐만이 아니라 실제 자연환경을 스스로 살피고 돌아다니는 거지요. 사람이 공을 던져 아틀라스를 맞추면, 로봇은 비틀거리다가 다시 중심을 잡아요. 물건을 들고 가라고 지시를 내리면 온갖 방해를 이겨 내고 임무를 수행하죠.

지치지 않고 감정도 없는 이런 로봇들이 공장에 투입된다

—○ 한 자동차 공장에서 로봇이 용접 작업을 하고 있다.

면 얼마나 쓸모가 많을까요? 자동차 공장을 비롯한 대형 공장의 생산 시설이 기계화·자동화된 것은 이미 지난 세기의 일이죠. 하지만 여전히 그 옆에는 사람들이 있어요. 디자인하고 설계하고 지휘하고 관리·감독하고 경영하는 것 외에도 기계 생산의 틈새에는 사람의 손이 필요한 자잘한 일들이 반드시 있거든요. 물건을 들어 나르고 트럭에 싣는 자질구레하지만 꼭 필요한 노동에 아틀라스를 투입한다면 어떨까요? 숱한 '작은 노동'이 로봇의 몫이 될 수 있지요.

## 전 세계 산업용 로봇 수

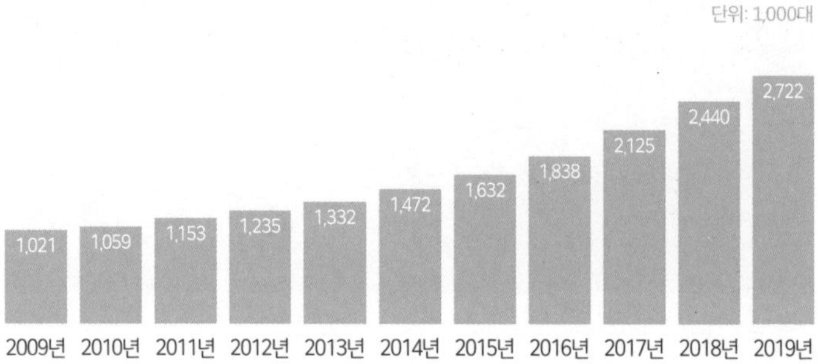


출처: 국제 로봇 연맹

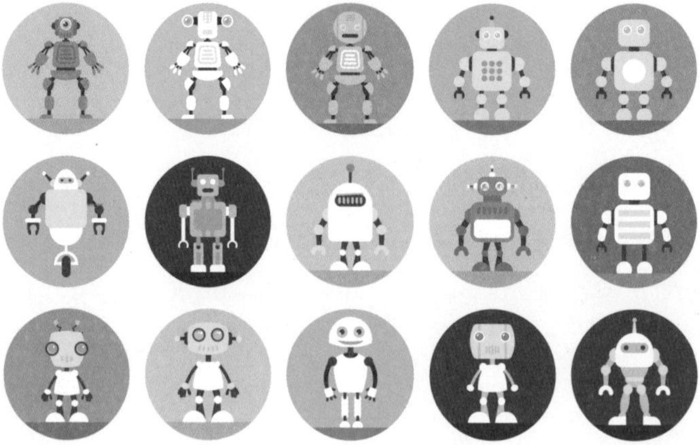

잠깐 생각을 돌려, 좀 더 먼 미래의 노동자들을 상상해 보죠. 인간이 기계와 일자리를 두고 경쟁하는 게 아니라, 아예 우리 몸 일부가 기계가 되는 미래 말이에요. 인공지능이 사람의 두뇌 수준을 완전히 따라가기 전까지는 아무래도 사람이 업무에 개입하는 편이 기업 입장에선 나을 거예요. 그렇다면 사람의 팔뚝 혹은 다리 근육을 기계화해서 사람의 장점과 아틀라스의 장점을 합치면 어떨까요? 지금은 황당한 이야기처럼 들리겠지만, 미국 미래학자 레이 커즈와일(Ray Kurzweil)은 『특이점이 온다』라는 유명한 책에서, 기계와 인간의 구분이 점점 사라지는 '버전 2.0 인체', '버전 3.0 인체'를 상상해요. 그는 이르면 2030~40년대에 그런 일이 시작될 거라고 전망했는데, 이 예측이 들어맞을지는 아직 알 수 없어요.

**버전 2.0 인체**
현재 인류에서 발전한 버전 2.0 인체는 혈관을 타고 흐르는 수십억 개의 나노 로봇이 노화와 질병을 관리한다는 미래를 상상했다.

로봇 공학자 한스 모라벡(Hans Moravec)은 2020년이 되면 '생쥐 정도로 영리한' 로봇이 만들어질 것이고, 곧이어 원숭이만큼 머리가 좋은 로봇 시대가 올 것이라고 예상했어요. 우리는 이미 2020년을 지나왔기 때문에 그 예측이 틀렸다는 걸 알고 있지요. 로봇이 실제로 할 수 있는 일이 뭔지, 로봇이 얼마나 빨리 발전할지는 여전히 정확하게 예측할 수 없어요. 다만 우리가 기대하는 것보다 더 많은 일을 하는 로봇들이 이미 존재한다는 사실은 분명합니다. 오늘날 전 세계의 산업용 로봇 수는 빠르게 증가하는 추세예요.

## 공장의 로봇 밀도, 한국은 세계 평균의 8배

로봇이 집안일이나 공장 일만 하는 것은 아니죠. 로봇이 점점 더 많이 진출하는 분야 중 하나는 정확도가 중요한 의료 영역입니다. 2017년 한국의 한 회사는 레보아이(Revo-i) 로봇을 만들었어요. 식품 의약품 안전처가 허가한 국내 최초의 '수술 로봇'입니다. 이 로봇은 환자의 몸에서 수술 부위를 절개한 뒤에 기계 팔을 집어넣어요. 하지만 직접 수술하는 것은 아니고, 의사가 로봇이 촬영한 영상을 보면서 수술해요. '내시경 수술'은 의사가 직접 의료용 메스로 몸의 부위를 절개해서 하는 수술과 달리, 몸 안에 케이블로 연결된 작은 도구를 집어넣어서 하는 수술이에요. 레보아이는 그런 내시경 수술에 쓰입니다. 로봇 팔 4개를 가지고 절개와 봉합을 해요.

그동안 허가된 수술용 로봇은 수술 부위의 위치를 알려 주

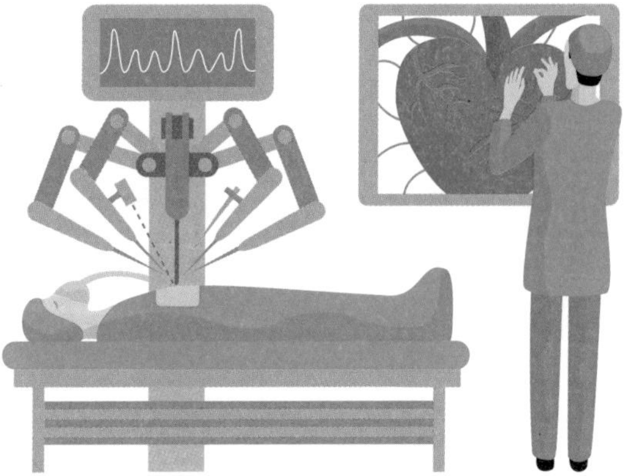

로봇은 의료 시장에서도 대활약하고 있다. 한국의 '레보아이' 로봇은 세계에서 두 번째로 자동화 내시경 수술 로봇으로 허가받았다.

거나 인공 관절 수술에서 뼈를 깎을 때 쓰는 보조용 장치였습니다. 내시경 수술 로봇으로 허가받은 것은 미국의 수술 로봇 다빈치(da Vinci)에 이어 레보아이가 두 번째라고 해요.

병원에 수술 로봇이 처음 등장한 때는 1983년이었습니다. 캐나다 밴쿠버 브리티시 컬럼비아 대학 병원 의료진이 아스로봇(Arthrobot) 장비의 도움을 받아 외과 수술을 처음 선보인 뒤로, 세계 의료용 로봇 시장은 갈수록 커졌어요. 1992년 영국 런던의 연구 팀이 본격적인 수술 로봇 프로봇(Probot)을 개발해 세계 최초 '로봇에 의한 수술'을 진행했어요. 2001년에는 로봇을 이용해 미국 뉴욕의 의료진이 프랑스 스트라스부르에 있는 환자를 원격으로 치료한 일도 있어요. 세계 최초로 비행기를 몰고 대서양을 횡단한 미국 비행사가 찰스 린드버그(Charles Lindbergh)인데, 언론은 그 이름에서 따와 대서양을 사이에 둔 이 원격 수술을 '린드버그 수술'이라고 불렀지요. 한국의 로봇 의료 시장도 갈수록 커지고 있어요. 무릎 인공 관절 수술에 쓰이는 로봇, 뇌 수술용 로봇이 개발되고 있죠.

**국제 로봇 연맹**
**(https://ifr.org)**
각 국가의 로봇 단체가 모인 곳으로 국제 로봇의 표준화, 시장 분석, 로봇 분류 등을 연구하며 로봇을 총괄하는 기관이다.

국제 로봇 연맹은 2018년에 '세계 5대 로봇 강국'으로 중국, 일본, 미국, 한국, 독일을 꼽았어요. 공장에서 쓰이는 산업용 로봇을 가장 많이 쓰는 나라들이죠. 산업용 로봇 3대 중 1대는 자동차 공장에서 쓰입니다. 나날이 발전하는 전기 자동차, 석유와 전기를 번갈아 쓸 수 있게 한 하이브리드 자동차를 조립하는 일을 '로봇 노동자'들이 해요. 전기 전자 산업 부문에서 일하는 로봇도 늘고 있어요. 배터리와 반도체 칩, 디스플레이 생산처럼 아주 정밀한 작업을 빠른 속도로 해야 하는 공정에 로봇이 투입되는 것이죠. 로봇 기술은 나날이 정

## 전 세계 산업용 로봇 강국(2019년)

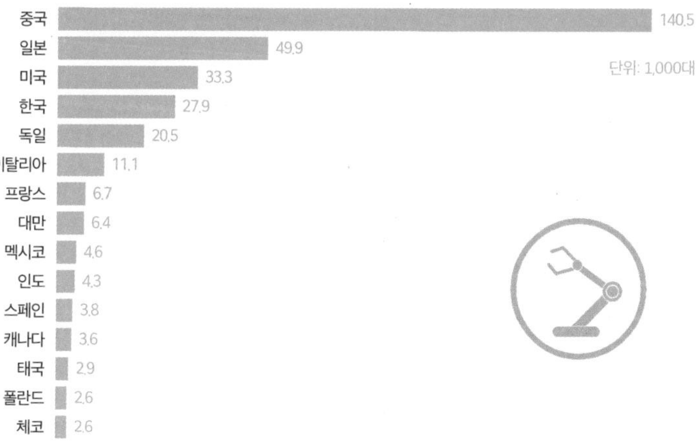


## 전 세계 산업용 로봇 밀도(2017년)

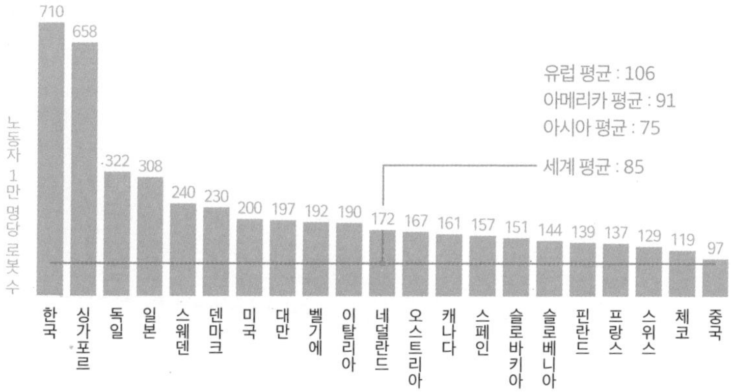


◦ 출처: 국제 로봇 연맹

교해지고, 그에 맞춰 생산의 기계화는 더 빨라지고 있어요.

한 지역이나 나라에 몇 명이 사는지를 계산한 것을 인구 밀도라고 해요. 로봇이 얼마나 투입됐나를 가리키는 지표는 로봇 밀도라고 하고요. 사람이 1만 명 고용됐을 때와 비교해 로봇은 몇 대가 쓰이는지를 지표로 만든 거지요.

2016년에는 전 세계에 노동자 1만 명당 로봇 74대가 있었어요. 이듬해에는 85대로, 2020년에는 113대로 늘었습니다. 급속히 늘고 있는 거지요. 그런데 놀라운 것은 한국의 수치예요. 한국의 로봇 밀도는 2017년에는 1만 명당 710대, 2019년에는 1만 명당 855대로 세계 평균의 8배에 이르렀어요.

5억 4200만 년 전 지구에서는 생물종이 폭발적으로 늘어났는데, 이를 생물학자들은 '캄브리아기 대폭발'이라고 불러요. 생물종의 다양성을 가져다준 것은 진화였죠. 그런데 로봇 공학자들은 로봇 세계에서도 어느 순간 엄청난 진화가 일어날 것이라고 말해요. 아니, 진화는 이미 시작됐다고 봐야겠지요.

## 감염병의 시대, 사람 대신 로봇을!

코로나19 같은 팬데믹은 사회에 엄청난 영향을 미칩니다.

정부의 방역 지침에 따라, 가게는 문을 닫고 기업은 재택근무를 하고 학교는 원격 수업을 했지요. 경제가 침체되면서 일자리를 잃는 사람들도 늘어났어요. 그런데 팬데믹은 이렇게 우리가 쉽게 예측하는 범위를 넘어서, 미처 내다보지 못했던 변화를 앞당길지도 몰라요. 이를테면 로봇 종업원 같은 신기술의 도입이에요. 페퍼처럼 사람이 할 일을 대신하는 로봇이 더 늘어나는 뜻밖의 계기가 될 수도 있다는 거예요.

2020년 9월 통신 회사 KT는 한 프랜차이즈 외식 체인에 인공지능이 탑재된 로봇 서버를 도입했다고 발표했어요. 사람 대신 로봇이 음식물을 서빙해 주는 거지요. 해외의 여러 외식 업체도 서빙 로봇을 도입하고 있어요. 태국의 병원에서는 의사의 부담을 덜어 주기 위해 닌자(Ninja) 로봇을 쓰고 있답니다. 원래는 뇌졸중 환자를 모니터링하는 로봇이었는데 이제는 원격 의료에 쓰인다고 해요. 의사가 멀리 떨어진 곳에 있어도 화상 채팅으로 닌자 로봇이 보여 주는 환자의 상태를 확인하고 진료할 수 있지요.

감염병 공포가 퍼지면서, 비대면 방법으로 로봇을 도입하는 곳이 늘어나고 있어요. 일본에서 우체국 사업을 맡은 우정사업 본부는 로봇으로 우편물을 배달할 수 있을지를 알아보

코로나19가 불러온 로봇 도입 바람을 타고 서빙 로봇이 세계 곳곳에 등장하고 있다. 또한 단거리이긴 하지만 우편물을 나르는 비대면 배달 실험도 성공했다.

는 실험을 하기도 했어요. 로봇이 시속 5킬로미터 속도로 700미터 거리를 이동했는데, 센서와 카메라를 이용해서 보행자들을 잘 피하는 데 성공했어요.

사실 코로나19가 아니더라도, 기업은 인건비를 줄이기 위해서 로봇을 비롯한 자동화 장비를 계속 늘리고 있어요. 프랜차이즈 음식점에 가 보면 '키오스크'라는 전자 장비를 통해 주문하게 만든 곳이 많아요. 자동화는 곧 '무인화', 즉 사람 노동자를 없애는 과정이기도 해요. 일본 소프트뱅크는 코로나19가 불러온 로봇 도입 바람을 타고 서빙 로봇인 서비(Servi)를 만들었는데, 이 로봇이 식당에 도입되면 서빙에 필요한 사람 숫자가 절반으로 줄어들 것으로 보고 있어요.

로봇이 일반화된 시대에 우리가 겪을 변화를 예측하기는 쉽지 않아요. 인류가 생긴 이래, 우리는 지금도 생명체로서 밥을 먹고 일을 하고 사람들을 만나고 기뻐하고 화를 내며 살아가요. 그런데 스마트폰 하나가 생기면서 우리가 생각하는 방식과 말하는 방식, 일하고 움직이는 방식이 얼마나 많이 바뀌었는지 생각해 보세요. 게다가 기술은 세상 모든 지역과 모든 분야에서 동시에 같은 수준으로 발전하지도 않지요.

자동화된 기계 장비를 가리키는 '로봇'의 개념이 탄생한 것

카렐 차페크의 소설 『로봇(RUR)』을 원작으로 한 포스터.

은 아주 오래전입니다. '혼자서 움직이는 장치'를 상상한 기록은 고대 중국과 그리스, 이집트 등 여러 곳에서 발견됐어요. 이집트의 도시 알렉산드리아에는 '말하는 새'가 있었다는 기록도 있어요. 하지만 기계가 널리 퍼진 것은 영국에서 시작된 산업 혁명을 통해서였지요.

우리가 흔히 '로봇'이라 부르는, 사람과 모습이 비슷하거나 동작 방식이 비슷한 장치는 언제 등장했을까요? 먼저 용어부터 살펴보면, '로봇'이라는 말을 처음 쓴 사람은 체코 작가 카렐 차페크(Karel Čapek)로 알려져 있어요. 1920년에 그의 작품에 로봇이라는 말이 나왔는데, 동유럽에서 많이 쓰이는 슬라브어로 '강제로 일하는 사람'을 가리키는 '로보타(robota)'라는 단어에서 따왔다고 하지요.

1928년에는 에릭(Eric)이라는 로봇이 탄생했어요. 런던의 엔지니어들이 사람 모양을 한 이 로봇을 전시회에 내놨는데 몸통은 알루미늄이고 모터가 달려서 혼자 움직일 수 있었어요. 이후 로봇 기술은 꾸준히 발전했고, 1960년대에 이르러 디지털 기술과 결합해요. 전자 신호를 받아 인간이 지시하는 일을 하는 기계 장비가 그 무렵부터 미국의 공장에 등장하지요. 주로 공장 일에 쓰이던 로봇은 1990년대 후반부터 '사람의 친구'라는 새로운 직업을 찾아요. 일본 기업 혼다(Honda)의 아시모(Asimo)는 사람과 흡사하게 생겼고, 사람처럼 걷고 움직이면서 인기를 끌었어요. 반려견 모양을 한 로봇도 등장했어요.

지금은 노인 간병 같은 돌봄 노동에도 로봇을 활발히 도입하고 있어요. 아픈 사람을 돌보는 것은 마음을 많이 써야 하는

로봇의 등장은 우리가 생각하는 방식, 일하는 방식에 필연적으로 변화를 가져올 것이다.

'가장 인간적인' 일인데, 나이 든 인구가 많아지는 고령화 현상 때문에 우리 삶의 큰 부분이 변해 가는 것이죠.

## 로봇이 늘면 우리는 얼마나 행복해질까?

산업 혁명 시대에 영국의 공장에 기계가 대거 들어오자, 사람의 일을 빼앗는 기계를 부수는 이들이 나타났어요. 이러한 기계 파괴 운동을 '러다이트(Luddite) 운동'이라고 불렀지요. 일자리 걱정 때문이 아니더라도, 로봇 시대에 대해 불편함을 느끼는 사람들은 지금도 많아요.

**유럽의 러다이트 운동**

영국뿐만이 아니라 프랑스, 벨기에, 독일 등 산업 발전 단계를 거치던 다른 유럽 국가에서도 다양한 형태로 기계 파괴 운동이 발생했다.

2014년 미국의 한 컨설팅 회사는 "2022년이 되면 미국의 평범한 집에는 집안일을 도와주는 스마트 장비가 평균 500개는 있을 것"이라고 예측했어요. 하지만 시간이 흘러 조사한 결과에 따르면, 2020년 미국에서 로봇 청소기가 있는 집은 10퍼센트뿐이었어요. 로봇에게 청소를 맡기는 사람들이 생각보다 적다는 거예요. 전문가들은 기술이 발전해도 그것이 삶을 뚫고 들어오는 것을 거부하는 마음의 장벽이 사람들에게 있다고 말합니다. 로봇 청소기 보급 현황을 조사한 미국 하버드 대학교 연구 팀은 '기계에 일을 맡기면 우리는 얼마나 행복해질까?' 항목도 조사했어요.

세계 여러 나라 5000여 명에게 '자동화 기계를 산 뒤 행복도가 높아졌습니까?'라고 질문한 결과, 대부분은 행복하다고 느끼는 정도가 커졌고 스트레스는 줄었다고 답했어요. 그런데 재미난 점이 발견됐어요. 기계가 사람과 비슷할수록 '일을 시키면서 죄책감을 느낀다.'라고 응답한 이들이 많았다는 거예요. 우리는 움직이는 모든 것을 생명체로 인식하려는 경향이 있고, 생명체에 공감하려는 경향이 있습니다. 로봇 시대에 우리가 오랜 세월 진화시켜 온 이런 공감과 연민의 능력은 어떤 변화를 겪을까요?

또 하나, 연구 팀이 발견한 것은 사람들은 로봇에 일을 시키면서 '이것 때문에 내가 게을러지면 어쩌나?' 걱정한다는 거예요. 아무리 로봇 기술이 발전한다고 해도, 아직 우리의 '마음'은 그에 맞춰 진화하지 않았다는 뜻이지요.

산업화 시대 초기에 철도와 자동차가 생기면서 마부들은 일자리를 잃었습니다. 그러나 그로 인해 새로 생긴 일자리가 훨씬 더 많았죠. 인류 문명은 더 발전했고, 더 풍요로워졌지요. 하지만 늘 고민해야 하는 것은 '사람의 삶은 숫자가 아니다.'라는 점이에요. 철도와 자동차 덕에 일자리 1만 개가 생기고, 마부 200명이 일자리를 잃었다고 생각해 볼까요? 경제 '통계'는 사회가 더 풍요로워졌다는 것을 입증할 수 있지만, 어느 시대든 실직자가 겪을 수밖에 없는 고통을 외면해서는 안 되겠지요.

## 기계와의 경쟁?
## 기계와의 공존!

어차피 우리는 기계와 함께 살아갈 수밖에 없어요. 거대한 공장에 자동화 벨트가 돌아가는 시대를 넘어, 일상의 모든 일에 로봇이 들어와 있는 시대가 왔어요. 미국의 로봇 전문가 중에는 "이제 제2의 기계 시대가 시작됐다."라고 말하는 이들도 있어요. 한 차원 달라진 기계의 시대를 앞두고 가장 먼저 드는 생각은 아마 취업 걱정일 거예요. 학생이나 부모만이 아니에요. 이들을 고용할 기업 경영자, 로봇 시대에 '사람의 능력'을 키워야 하는 교육자, 정책 결정자 모두 '기술이 빠르게 발전하는 시대에 여전히 가치를 잃지 않는 인간의 힘은 무엇일까?'를 고민합니다. 고민에 고민을 거듭한 이들이 말하는 가장 중

인간과 로봇이 공존해야 할 미래 사회가 이미 우리 곁에 와 있다. 스스로 질문하고 판단할 수 있는 인간의 능력이 더 중요해지는 시기이기도 하다.

요한 사람만의 능력은 창의성이에요. 바로 새로운 아이디어를 떠올리는 능력이죠.

미국 매사추세츠 공과 대학교 교수 에릭 브린욜프슨(Erik Brynjolfsson)은 "컴퓨터는 여전히 답을 내놓는 기계"라고 말해요. 사람이 묻는 것에 컴퓨터가 대답하고, 사람이 지시하는 일을 로봇이 할 수는 있겠지요. 하지만 컴퓨터는 대답만 할 뿐, 스스로 질문하지는 않아요. 물론 먼 미래에 인공지능이 아주 높은 수준으로 발전하고, 그런 인공지능을 장착한 로봇들이 스스로 판단해 뭔가 결정할 수도 있겠지만 그때가 되어도 역시 기계가 스스로 던지는 질문과 해법은 주어진 과제를 해결하기 위한 절차를 따를 가능성이 커요.

비슷한 맥락에서 또 한 가지 인간이 가진 강점은 '예측하지 못한 상황에 대처하는 능력'이에요. 기계는 미리 정해진 규칙에 따라 추론하고 이전의 사례, 즉 이미 가진 데이터를 활용해 대응하죠. 사람들도 마찬가지이긴 해요. 하지만 예상치 못했던 사고나 재난, 환경 변화, 반응을 접할 때도 기계가 사람처럼 순발력 있게 "어떻게 하는 게 가장 좋을까?" 생각해 내면서 실천에 옮길 수 있을까요? 사람은 거의 본능적으로 어떻게 대처할 것인지 머리를 굴려요. 반드시 좋은 해법을 찾아내지는 못한다고 해도요. 왜냐면 사람은 변화에 적응하면서 가장 좋은 길을 택하도록 진화해 왔기 때문이에요. 위기 대응 능력, 새로운 상황에 맞춰 행동을 바꾸는 능력을 기계가 진화시키려면 시간이 훨씬 더 걸릴 거예요.

인간 스스로 인간의 장점을 알고 키우는 게 중요하다고 브린욜프슨은 말해요. 그러면서 그는 스페인 의류 업체 '자라(Zara)'의 성공 비법을 예로 들지요. 자라는 주로 십대를 비롯한 젊은 층의 패션 취향에 맞춰 중저가 옷을 만들어 파는 브랜드예요. 소비자의 취향이 아주 빨리 바뀐다는 것에 초점을 맞춰서 '발 빠른 대응'을 장점 삼아 성장했어요. 그런데 매장 관리 중 상당 부분이 알고리즘에 따라 이뤄지는 이 회사의 성공 비법은 바로 사람의 통찰에 있었어요. 매장 관리자들은 알고리즘을 참조하는 것이 아니라 매장 안을 돌아다니면서 고객들이 어떤 옷을 입고 있는지 관찰하고, 어떤 옷을 찾는지 이야기를 나누고, 어떤 옷을 어디에 전시하는 것이 좋을지 판단하고, 어떤 옷의 생산 주문을 늘릴지 신속하게 결정한다는 거예요. 관찰로 얻은 정보, 시각과 청각과 촉각으로 얻은 정보를 종합해서 하나의 '패턴'으로 인식하는 뇌의 능력을 기계가 따라가려면 아직 멀었다는 뜻이기도 해요. 정보를 실에 꿰어서 새로운 패턴을 찾고 활용하는 능력은 창의성, 위기 대응 능력과 함께 사람이 가진 엄청난 장점이니까요.

기계 시대에 사람이 기계와 경쟁해서 이길 수 있을지 걱정하는 것은 어쩌면 의미 없는 일일지 몰라요. 운동장에서 로봇과 달리기를 하면 로봇이 이기죠. 체력이나 근력에서 로봇과 승부를 가릴 수는 없어요. 로봇과 사람이 앞으로 맺을 관계는 대결이 아니라 '공생'이 돼야 한다고 전문가들은 말합니다. 사람이 잘하느냐, 로봇이 잘하느냐가 아니라 '사람과 로봇이 팀이 될 때' 가장 뛰어난 능력을 발휘할 수 있다는 말이에요.

우선 우리가 사람만이 지닌 장점을 살리기 위해서는 "왜", "어떻게"라는 질문을 늘 던지는 능력부터 키워야 해요. 사람이 수백만 년간 진화시켜 온 감각을 종합해서 새로운 흐름을 파악할 수 있는 힘도 갖춰야 하고요. 이에 맞춰서 교육의 방향이나 기업이 요구하는 인재상, 인재를 선발하는 방식 모두 바뀌어야겠지요. 그리고 모두 변화에 발맞추는 데 성공할 수는 없으니, 밀려나는 사람들을 배려하고 함께 살아가기 위한 제도와 정책도 만들어야 할 때임을 잊지 말아 주세요.

놓치지 마요

## 로보틱스 핫&이슈 ▼

### 중국 상하이 기차역에 로봇 청소원 등장

2021년 1월 중국 상하이 기차역에 청소와 소독을 하는 로봇이 등장했다. 도입된 로봇은 바닥의 오염을 스스로 인지해 쓰레기를 치우거나 닦을 수 있다. 중국과 독일 기업이 공동 출시한 이 로봇은 무인 자율주행 기능을 갖고 있고, 유동 인구가 많아도 정확하게 환경을 감지하고 빠르게 의사 결정을 내릴 수 있다.

### 미국 음식 배달 업체, 서비스 로봇 회사 인수

미국 1위 음식 배달 업체 도어대시(DoorDash)는 음식 서비스 로봇 개발 업체인 차우보틱스(Chowbotics)를 인수한다고 2021년 2월 밝혔다. 차우보틱스가 개발한 로봇 샐리(Sally)는 서빙뿐 아니라 고객의 주문에 맞춰 주어진 재료를 활용해 샐러드나 요구르트 음료 같은 간단한 먹을거리를 만들 수 있는 로봇이다.

### 자동화 이후 아마존 작업장의 사고 증가

2020년 9월 미국 아마존 창고 150곳에서 4년 새 일어난 사고 기록을 조사해 보니, 작업을 기계화한 뒤에 노동자가 중상을 입은 산업 재해가 50퍼센트나 늘어난 것으로 나타났다. 아마존은 "재해를 더 많이 보고하게 되면서 숫자가 늘어난 것일 뿐, 자동화 설비 도입과는 관련이 없다."라고 했지만, 조사 측에서는 자동화 이후 안전 관리가 소홀해졌기 때문이라고 주장했다.

로 보 틱 스 토 론

# 로봇을 전쟁에 투입하는 것을 어떻게 봐야 할까?

## ○ 찬성 ○

### 1. 로봇 투입은 인명을 구한다

전쟁은 어차피 잔인한 것이다. 살상을 막을 수는 없다. 하지만 로봇이 투입된다면 전쟁터에서 병사들이 죽어 가는 것을 어느 정도는 막을 수 있을 것이다.

### 2. 로봇은 애초에 대리전쟁의 목적으로 만들어졌다

우리가 지금 평화적으로 이용하고 있는 기술 중에는 군사나 무기 분야에서 시작된 것들이 많다. 인터넷만 해도, 미국 국방성의 지원을 받은 연구를 통해 생겨났다고 한다. 무기 산업에서도 로봇 기술의 발전이 진행되는 것을 막을 수는 없다.

### 3. 로봇은 국가의 이익을 위해 만들어졌다

국가와 국가가 싸울 때 중요한 것은 이기는 것이다. 이미 핵무기를 비롯해 수많은 치명적인 무기가 발명돼 있는데, 로봇이라고 해서 그런 살상 무기들과 다르게 볼 필요는 없다.

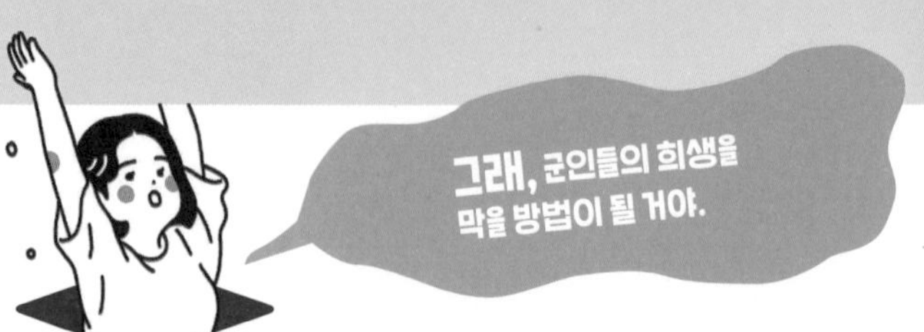

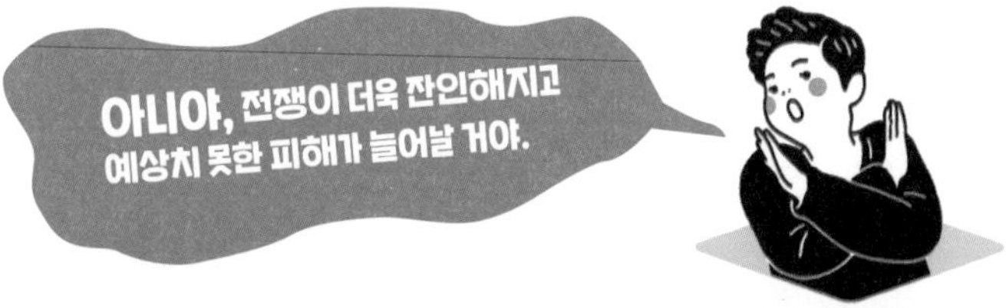


## ✖ 반대 ✖

### 1. 로봇 투입으로 전쟁이 더 빈번해진다

미국이 무인 폭격기를 전쟁에 동원하면서 파키스탄이나 예멘 같은 나라에서는 민간인을 적군으로 잘못 알고 폭격하는 일이 크게 늘었다. 사람에게는 감정이 있지만 '킬러 로봇'이 사람을 해칠 때 과연 연민이나 동정을 느낄지 의문이다.

### 2. 로봇 투입을 규제할 국제 규칙이 없다

유엔은 두 차례 세계 대전을 거친 뒤에 전쟁의 잔인성과 그로 인한 피해를 줄이기 위한 규칙을 발전시켜 왔다. 로봇을 이용한 군사 행동은 새로운 것이기 때문에, 국제 사회가 규제할 방법을 찾아야 한다.

### 3. 로봇 투입 이후 인간 공격 등을 제어할 방법이 없다

강력한 인공지능을 갖춘 전쟁 로봇이 나중에 인간을 상대로 총구를 돌리면 어떻게 하겠는가. 처음부터 인간을 해치지 못하게 해야 한다.

# 3

# 자율주행

WRS
오늘 오후 3시 40분경,
북쪽 해안 도로를 달리던 자율주행차가
갑작스레 나타난 펭귄 가족을 피하려다
행인과 충돌했습니다.

자율주행차, 운전자, 사고 차량 회사 대표, 펭귄 가족 중
이 사고의 책임은 과연 누구에게 있을까요?

전 그저 프로그램대로 운행했을 뿐,
확실히 지시를 지켰습니다. 띠띠.

전 완전 자율주행으로 설정해 놓고 스마트폰을 봤을 뿐인걸요. 장애물이 나타나면 브레이크가 작동해야지, 방향을 틀어 사람을 친 건 자동차를 만든 회사 잘못 아닌가요?
완전 자율주행으로 설정했어도 운전자가 주의를 기울였어야죠.
꿱꿱 꾸루룩 꿔억 꽉 꽉꽉….
모든 기술의 핵심은 '생명 존중'이죠. 자율주행차를 만들고 이용하는 사람들이 인간적 윤리를 지키고 제대로 가치 판단을 할 날이 오기를 바랍니다.
WRS

# 사람 없이 움직이는 차의 시대로

## 세계의 경쟁은 시작됐다! 거리를 달리는 무인 차

"토스터야, 자동차야?"

2020년 6월, 미국 샌프란시스코 도심에 이상한 물체가 나타났어요. 분명 움직이는 자동차인데, 생김새는 꼭 빵 굽는 토스터처럼 생겼네요. 아마존이 소유한 자동차 회사 죽스(Zoox)의 로보택시(Robotaxi)랍니다. 실내에는 좌석 4개가 마주 보게끔 배치돼 있고, 바퀴 4개가 따로따로 움직이면서 이리저리 회전할 수 있어요. 그러니까 이 택시는 제자리에서 360도를 돌 수 있는 특이한 자동차인 거죠.

무엇보다 눈에 띄는 점은 운전자가 없다는 거예요. 자율주행차의 센서인 '라이다(Lidar)' 시스템과 카메라 등을 이용해서 표지판이나 보행자, 장애물을 판별하고 혼자 달립니다. 죽스 회사는 2012년부터 무인 차를 개발해 왔어요. 이 회사를 인수한 아마존은 단거리 택배 배송이나 도심의 짧은 거리를 오가는 탑승용으로 로보택시를 활용하려고 해요.

라이다
레이저 펄스를 발사해 그 빛이 대상 물체에 반사되어 돌아오는 것을 받아 물체까지의 거리 등을 측정하고 형상까지 이미지화하는 기술이다.

먼 미래의 계획이 아니에요. 구글의 자율주행차 회사 웨이모(Waymo)는 실제로 무인 택시 호출 서비스를 시작했어요. 2019년 여름에 한정된 고객을 대상으로 시범 운행도 했고요. 애리조나주 피닉스에서 운영되는 웨이모 택시는 카카오택시처럼 호출하면 손님에게 달려와요. 스마트폰 애플리케이션(앱)을 통해 호출하면 된답니다.

애초에는 어느 정도 시간이 지날 때까지 안전 요원이 함께 타는 방안도 고려했지만, 코로나19 사태가 벌어지면서 무인 운영을 시작했어요. 대신 만일의 사고에 대비해 웨이모 직원이 차 안에 설치된 카메라가 보내온 영상을 보면서 운행 상황을 원격 모니터링하지요.

중국에서는 2023년이면 로보택시를 볼 수 있을 것 같아요.

—○ 자율주행차에 탄 운전자가 책을 읽는 동안 자율주행 시스템이 운전을 하고 있다(위). 아마존의 자동차 회사 죽스가 내놓은 무인 로보택시(아래 왼쪽). 구글의 자율주행차 회사 웨이모의 무인 택시(아래 오른쪽).

'중국의 아마존'인 알리바바(Alibaba)는 '아맙'이란 앱으로 이용하는 자율주행차 회사 오토X(AutoX)에 투자했고, 이 차는 이미 상하이에서 자율주행 택시의 시범 운행을 했어요.

중국에서 자율주행차 경쟁에 가장 앞서 나가는 회사 중 하나는 검색 엔진으로 유명한 기업 바이두(Baidu)입니다. 바이두는 중국 서부의 대도시 충칭에서 무인 버스를 시범적으로 운행하고 있어요. 광저우에서는 2021년 설을 기념해서 무인 택시가 달리기 시작했지요.

2019년 싱가포르에서는 한 대학 캠퍼스에 무인 버스가 등장했고, 2021년 1월부터는 시내 두 곳을 잇는 무인 버스가 시민들을 상대로 운영되고 있어요. 스웨덴의 수도 스톡홀름에도 무인 버스가 도입됐고, 프랑스 파리도 운전자 없는 버스가 달리는 도시가 될 예정이에요.

그런데 한번 생각해 보세요. 자동차 회사라면 어떤 기업이 떠오르나요? 현대자동차, 제너럴 모터스(GM), 포드(Ford), 토요타, 볼보(Volvo), 닛산(Nissan)……. 아, 요즘에는 테슬라(Tesla)가 먼저 떠오를 수도 있겠네요. 하지만 앞서 소개한 무인 차들을 한번 볼까요? 아마존, 구글, 바이두, 알리바바 모두 흔히 생각하는 자동차 회사가 아닙니다. '테크 기업'이라고도

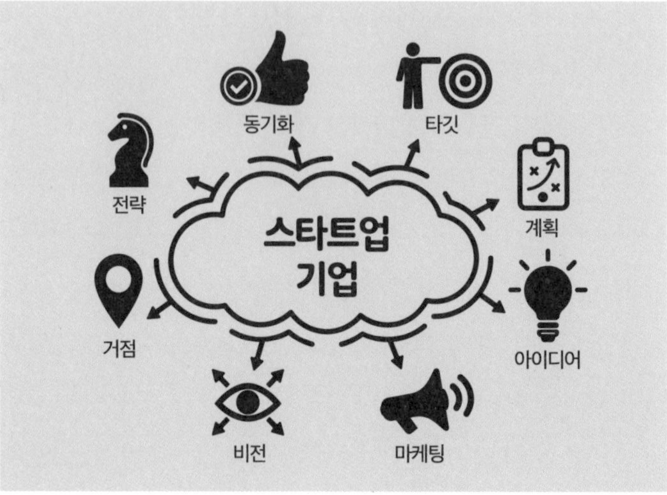


스타트업이 갖춰야 할 요소.

> **스타트업 기업**
> 신생 창업 기업을 뜻하는 말로, 혁신 기술과 아이디어를 보유하지만 자금력이 작다. 기술과 인터넷 기반 회사로 고위험·고수익·고성장 가능성을 지닌다.

불리는 정보 기술 분야 기업들이죠. 이들이 운영하거나 준비하는 무인 차를 직접 개발한 죽스, 웨이모, 오토X 같은 회사는 새로운 아이디어를 가지고 소규모로 창업한 '스타트업' 기업이에요. 온실가스를 내뿜는 자동차 대신, 전기로 움직이는 친환경 차가 점점 늘어나고 있고, 인공지능 기술에 기반을 둔 무인 차 개발 경쟁이 전 세계에서 치열하게 벌어지고 있어요.

자동차 산업이라고 하면 흔히 떠올리는 거대한 공장들은 앞으로도 필요할 거예요. 자동차를 대량으로 생산하려면 대형 공장에 의존할 수밖에 없으니까요. 하지만 이전에는 자동차 회사가 맡았던 신제품 개발의 중심이 요즘에는 IT 분야로 많이 옮겨 갔어요. 자동차 개발도 실리콘 밸리로 넘어간 거죠. 물론 거대 자동차 회사들도 손 놓고 있지는 않아요. 스타트업과 손잡고 기술을 개발하거나, 조직과 문화를 스타트업 스타일로 혁신하면서 새 흐름을 타기 위해 부단히 노력하고 있지요. 이미 인천 국제공항처럼 교통이 제한된 곳에서 자율주행차 운행 시험을 해 본 현대자동차의 발걸음도 잽니다. 2023년부터는 현대자동차의 전기 차 아이오닉(Ioniq) 2가 미국에서 무인 택시로 운행된다고 해요.

**친환경 차**
그린카로도 불린다. 기존 내연 기관보다 대기 오염 물질이나 이산화탄소 배출이 적고 연비가 우수한 자동차를 칭한다.

앞에서 외국 사례를 많이 소개했지만, 한국도 자율주행 분야에서 뒤처지는 나라는 절대 아니죠. 세계에서 가장 먼저 5G 통신망을 전국에 깔고, 경기도 화성 일대에 세계에서 가장 큰 자율주행차 시험장을 만든 나라니까요. 2020년 기준으로 우리

모터쇼에 나온 현대자동차의 자율주행차 아이오닉. 2023년부터 미국에서 무인 택시로 운행된다.

나라의 전기 차 관련 경쟁력은 세계 5위, 자율주행차 도입 수준은 세계 7위 정도라고 해요. 그래서 외국의 자율주행차 전문가들도 한국을 눈여겨보고 있지요.

## 자율주행차의 여섯 단계

자율주행차, 무인 차. 용어가 좀 혼란스럽죠? 자율주행차는 정확히 뭘 가리킬까요? '사람이 얼마나 운전에 개입하느냐.'에 따라 미국 자동차 공학회는 자율주행을 여섯 단계로 분류하고 있어요.

0단계는 '비자동화' 단계예요. 우리가 타는 보통의 차처럼, 운전의 모든 것을 사람이 맡지요. 그보다 조금 나아간 1단계는 운전자가 운전하되, 차량에 장착된 시스템이 속도 조절과 방향 전환을 돕는 단계를 말해요. 요즘 나오는 차량에는 대부분 '스마트 크루즈 컨트롤(smart cruise control)' 같은 시스템이 장착돼 있어요. 1단계는 이미 많이 일반화된 셈이죠.

2단계는 '부분 자동화'입니다. 운전자가 주된 작업을 맡지만, 자동차에 내장된 시스템에 맡길 수 있는 영역이 점점 많아져요. 혼잡한 서울의 도로나 꼬불꼬불한 주택가 골목에서는 사람이 운전하지만, 속도와 방향을 수시로 바꿀 필요 없는 고속 도로에서는 자동차 주행 시스템을 이용해 안전 속도를 설정해 놓고 조금은 편하게 맡겨 둘 정도라고 보면 되지요. 3단계는 '조건부 자동화'예요. 시스템이 주로 운전해요. 교통이 혼잡하면 속도를 낮추고, 차로도 스스로 바꿉니다. 그래도 운전자는 상황을 주시하다가 여차하면 나서야 해요.

4단계 '고도 자동화'에 이르면 운전자가 할 일이 거의 없어져요. 5단계 '완전 자동화'에서는 아예 모든 도로에서 시스템이 운전해요. 운전자가 아예 없을 수도 있어요. 개인 승용차가 아닌, 버스 같은 대중교통 수단이나 택배 차량은 운전자 없이 거리를 돌아다닐 수 있어요. 이렇게 운전석에 사람이 아예 타지 않는 차들을 무인 차라고 불러요. 시범 운행 자동차 가운데에 무인 버스가 많은 데는 이유가 있어요. 정해진 노선을 달리고 큰길을 달리기 때문에 차량의 움직임이 적은 만큼, 무인 차를 도입하기가 더 쉬운 거죠.

5단계에 이르면 무인 차량이 도시 곳곳에서 보일 것이고, 산업 분야에서는 특히 많이 쓰일 거예요. 이 단계가 되면 자동차는 그저 달리는 탑승 수단이 아니라, 디지털 기술과 새로운 에너지 기술이 결합한 하나의 '시스템'이 될 거라고 전문가들은 말해요.

스마트폰이 나온 뒤 휴대폰으로 통화만 하는 사람은 없어졌어요. 폰으로 인터넷을 검색하고, 길을 찾고, 사진을 찍고, 소셜 미디어에 글을 올리고, 쇼핑을 하지요. 그에 맞춰서 온갖 기업이 생기고 직종이 늘어난 것처럼, 무인 자동차도 사회 전반을 바꿀 거예요.

전문가들의 예측대로라면 2025년 무렵 4단계로 넘어가고, 2030년쯤에는 도로에서 5단계 차량을 꽤 많이 볼 수 있을 거

## 자율주행차의 여섯 단계

| 자율주행 단계 | | | 자동차 역할 (나머지는 사람이 담당) | 누가 담당하는가 | | | 자율 주행 시점 |
|---|---|---|---|---|---|---|---|
| | | | | 조향, 감가속 | 주변 환경 감시 | 돌발 사태 대응 | |
| 0 자동화 이전 |  | 비자율주행 | • 알림, 경고 등 | 사람 | 사람 | 사람 | – |
| 1 운전자 지원 |  | 부분 자율주행 | • 조향, 감가속 (크루즈 컨트롤) | 사람, 자동차 | 사람 | 사람 | 기능 켤 때 |
| 2 일부 자동화 |  | | • 기능 켜면 조향, 감가속 등 복수 기능 결합 | 자동차 | 사람 | 사람 | 기능 켤 때 |
| 3 조건부 자동화 |  | | • 기능 켜면 모든 운전 활동 담당<br>• 비상시 사람 개입 요청 | 자동차 | 자동차 | 사람 | 기능 켤 때 |
| 4 고도 자동화 |  | 완전 자율주행 | • 기능 켜면 모든 운전 활동 담당<br>• 비상시에도 사람 개입 없이 주행 완료 | 자동차 | 자동차 | 자동차 | 기능 켤 때 |
| 5 완전 자동화 |  | | • 항상 모든 운전 활동 담당 | 자동차 | 자동차 | 자동차 | 상시 |

○ 출처: 미국 자동차 공학회

라고 해요. 우선은 미국이 앞서가겠지만 2035년이 되면 중국과 유럽, 일본, 한국에서도 도로에 4~5단계 차량이 급증할 것이라고요. 예상대로 된다면, 지금 중·고등학교에 다니는 학생 중 상당수에게는 자율주행차가 자신이 소유한 '첫 차'가 될 가능성이 크겠네요. 그 차를 '운전한다.'라고 말할 수 있을지는 모르겠지만요.

## 다빈치의 움직이는 수레는 왜 세상에 나오지 못했을까?

16세기가 시작되기 직전에 이탈리아의 레오나르도 다빈치(Leonardo da Vinci)는 동력 장치를 달아 스스로 움직이는 수레를 구상했어요. 실제로 만들어지지는 않았죠. 현대에 와서도 자동차의 운전을 자동화한다는 구상은 일찍이 나왔어요. 이는 미국에서 승용차 통행량이 늘어나고 교통사고가 잦아진 1920년대로 거슬러 올라가요. 미국에서 모든 사람이 승용차를 소유하는 '자동차 시대'를 연 포드 자동차에서 이 무렵 생각한 자동 운전 시스템은 지금 들으면 좀 우스워요. 자동차를 고치기보다는 도로를 자동화시키는 쪽에 가까웠거든요. 거리를 컨베이어 벨트처럼 만든다고 할까요?

지금 같은 자율주행차의 선조라고 할 만한 차량이 나온 것은 1977년이에요. 일본 쓰쿠바(Tsukuba) 기계 공학 연구소가 카메라 2대를 달아 차선을 구분하는 시스템을 실은 승용차를 만들었는데, 이것이 자율주행차의 시초로 꼽혀요. 이 자동차는 최대 시속 30킬로미터까지 속도를 낼 수 있었어요.

본격적인 발전은 1980년대에 시작됐어요. 미국 국방성 산하에는 국방 고등 연구 기획청(DARPA)이 있어요. 로봇 연구로도 유명한 이곳은 대학 연구 팀과 자율주행차 연구를 선도했어요. 특히 자율주행차의 세계를 여는 데 결정적인 영향을 미친 것은 2004년에 열린 'DARPA 그랜드 챌린지'였어요. 국방 고등 연구 기획청이 주최한 이 자동차 경주는 미국 서부 모하비 사막에서, 출전 팀들이 내놓은 무인 차량이 달린다는 게 일반적인 경주와 달랐어요. 주최 측은 자율주행차가 240킬로미터 코스를 끝까지 달려야 한다는 조건을 내걸었는데, 첫해에는 완주한 차가 한 대도 없었습니다. 그런데도 이 경주는 자율주행차에 대한 관심을 불러일으켰다는 점에서는 대단히 성공적이었어요.

**DARPA 챌린지**

자율주행차의 서막을 연 첫 번째 대회에서는 모두 실패해 상금 수여가 무산되었다. 그러나 다양한 인공지능 소프트웨어와 센서를 장착한 무인 자동차들이 사막을 달리는 모습은 많은 이에게 충격과 경이로움을 안겨 주었다.

2004년 미국 캘리포니아주 모하비 사막에서 'DARPA 그랜드 챌린지' 1회 대회가 열렸다. 위 사진은 카네기 멜런 대학교 팀의 자율주행차 하이랜더(Highlander)인데, 1회 우승자는 없었다. 그러나 2005년 2회 대회에서 스탠퍼드 대학교 레이싱 팀의 무인 자동차 스탠리(Stanley)(아래)가 사막 구간 212.4킬로미터를 6시간 53분 58초에 달려 마침내 우승했다. 스탠리는 미국 IT 잡지인 〈와이어드〉의 2006년 1월 호 '50대 최고 로봇' 평가에서 1위를 차지했다.

마침내 우승 차량이 나온 것은 2005년, 스탠퍼드 대학교 레이싱 팀이 개조한 폭스바겐 무인 승용차였어요. 이때부터 자율주행차는 더 이상 SF 영화나 소설 속 일이 아니게 되었지요. 생각해 보면 겨우 16년 전 일이에요. 그러나 그 이후의 발전은 말 그대로 눈부실 정도였어요. 2019년 기준으로 세계를 달리는 자율주행 차량은 6500대 정도인데, 해가 갈수록 빠른 속도로 늘고 있지요.

다빈치는 자율주행차 아이디어를 떠올렸지만 실제로 만들지는 못했어요. 왜 그랬을까요? 하나의 아이디어가 현실화되고 널리 퍼지기 위해서는 사회 전반의 '인프라'가 필요해요. 도로망, 자동차 제조업과 에너지 산업, 운전자, 교통 법규 등 모든 것이 뒷받침돼야 해요. 그래서 현대적인 자율주행차가 실제 선을 보이기까지는 오랜 시간이 걸렸답니다.

자율주행차 발전은 인공지능 기술의 발전과 이어져 있어요. 거대 자동차 회사가 아닌, IT 분야 스타트업이 강점을 가진 것도 그 때문이에요. 자율주행에 이르게 되면 자동차의 철제 몸통이나 엔진보다 '운행 시스템'이 더 중요해지니까요. 무인 차 개발에 적극적인 구글과 테슬라, 차량 공유 서비스 회사 우버(Uber) 등은 몸집이 크고 움직임이 둔하기 쉬운 거대 자동차 회사들과 달리, 변화를 빨리 받아들이고 이끌기 좋았던 거죠. 요즘에는 대형 자동차 회사들도 혁신적인 기업 분위기와 조직 문화를 위해 노력합니다. 앞에서 봤듯이 디지털과 자동차를 잇기 위해 스타트업과 손잡는 일도 많아요.

**차량 공유 서비스**
인터넷이나 모바일 앱을 통해 차량과 운전자를 탑승자에 연결해 주는 서비스와 기업을 말한다.

## 자율주행차는 도심을 더 안전하게, 공기를 더 깨끗하게 할까?

요즘 '스마트'라는 말을 참 많이 듣지요? 스마트폰으로 시작해서 인공지능이 알아서 채소에 물을 주는 농장인 '스마트팜', 의료 기술에 인공지능을 도입한 '스마트 헬스케어', 스마트폰과 이어진 손목시계 '스마트워치', 디지털 가전으로 채워진 '스마트키친'……. 원래 '스마트(smart)'는 '똑똑하다'라는 뜻인데, 지금은 디지털 기술, 특히 인공지능 시스템 장착으로 사람이 판단하지 않아도 스스로 결정하고 조치를 취하는 모든 시스템이나 기기를 가리키는 말이 됐어요.

자율주행 기술 발전은 자동차뿐 아니라 '도로가 얼마나 스마트해지느냐.'와도 연결돼 있어요. 승용차에 달린 내비게이션을 생각해 보세요. 인공위성이 보내는 위치 정보를 가지고 자동차가 현재 있는 곳과 교통 상황, 앞으로의 경로를 보여 주지요. 버스 정류장에 설치된 안내판은 내가 타려는 버스가 몇 분 뒤에 도착할지 알려 줘요. 이런 것을 모두 '지능형 교통 시스템'이라고 불러요.

자율주행이 일반화되면, 더 나아가 자동차와 도로, 교통 시스템이 서로 정보를 주고받을 거예요. 도로에 설치된 센서나 신호등과 자동차가 정보를 교환하고, 자동차들끼리도 통신하게 될 겁니다. 혼잡한 길이나 사고가 난 곳을 피해 가장 빨리 목적지에 도달할 수 있는 길을 자율주행차들이 알아서 찾을 테고요. 정체된 거리에서 대기할 필요가 없어지고 먼 길을 우회하거나 길을 잘못 들어서는 일이 적어지면, 사고와 환경 오염도 줄어들 수 있다고 전문가들은 내다봐요. 특히 자율주행차는 전기 차를 기반으로 개발되기 때문에 더욱 친환경적인 교통수단이 될 수 있지요.

우리가 생각해 볼 것은 자율주행차가 우리의 생활과 문화도 바꾼다는 점이에요. 스스로 움직이는, 혹은 사람이 아주 약간만 조작해도 되는 자동차 안에서 탑승자는 무엇을 할까요? 아마도 게임을 하거나 책을 읽거나 영화를 보고 있지 않을까요? 실제로 지금 개발되는 자율주행차의 내부 구조는 자동차라기보다는 영화관이나 거실과 비슷해요. 자율주행차가 있으면 아이를 학교에 태워다 주거나 할머니를 모시고 병원으로 이동하는 일을 자동차가 알아서 할 수도 있겠군요. 스마트폰이 출현한 뒤 문화 콘텐츠 산업이 엄청나게 커졌듯이, 자율주행차도 문화 산업을 비롯해 모든 산업에 영향을 미칠 가능성이 큽니다.

그런데 중요한 것은 아직 인공지능이 완전하지 않다는 거예요. 테슬라의 일론 머스크(Elon Musk)는 "2020년 말까지 완전히 자동화된 차량을 선보일 것"이라고 선언한 적 있지요. 하지만 그 예언은 아직 이뤄지지 않았어요. 기술이 그만큼 발전하지 않은 거죠. 자율주행차 기술에서 핵심은 센서예요. 카메라는 자동차가 사물을 보는 것을 돕고, 라이다 장치는 레이저를 이용해 앞에 보이는 물체와 자동차 사이의 거리를 재요. 레이더는 물체를 탐지하고 속도와 방향을 추적하지요. 그런데 표지판에 낙서만 그려져 있어도 지금의 센서 기술로는 인식에 어려움을 겪어요.

센서를 이용해 정보를 얻으면서 자동차의 뇌인 컴퓨터 시스템, 즉 인공지능은 자주 달리는 길의 상황을 스스로 배우고

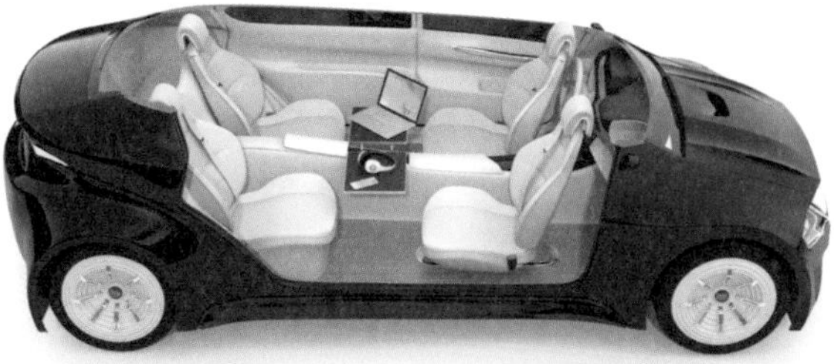

자율주행차의 내부 구조. 자율주행은 인공지능에 맡기고 탑승자는 자유롭게 다른 활동을 할 수 있다.

운전을 익히죠. 그러려면 통신망이 잘 깔려 있어야 해요. 그뿐 아니라 자율주행차가 달리는 도로의 일반 차량, 정확히 말하면 일반 차량을 모는 운전자의 운전 습관도 자율주행차에 영향을 끼쳐요. 시범 운행을 한 자율주행차가 사고를 낸 적이 몇 번 있는데, 주로 다른 차를 모는 인간 운전자들의 실수 때문인 적이 많았어요.

자율주행차가 일으킨 사고는 안전성을 의심하게 만들고 사람들이 자율주행차를 믿지 못하게 하는 원인이 되지요. 2016년 5월 미국에서는 테슬라의 무인 자동차가 지나가던 흰 대형 트럭을 하늘로 인식해 들이받는 사고가 일어났어요. '모델 S'로 불린 이 차의 탑승자는 그 자리에서 목숨을 잃었지요. 당시

## 사람들이 자율주행차를 못 믿는 이유

(2018년 세계 10개국 1260명을 상대로 한 여론 조사)

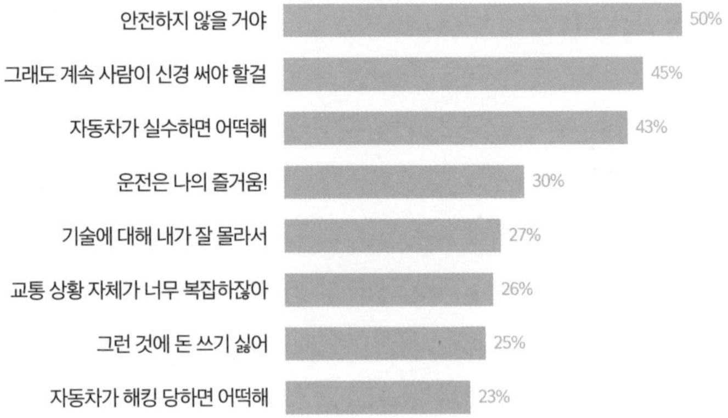

○출처: 세계 경제 포럼

자동차의 운전 시스템은 '자율주행 모드'로 설정돼 있었어요. 세계 최초 자율주행차 사망 사고였습니다. 그 뒤에도 자율주행 프로그램 '오토파일럿(Autopilot)'을 실행시킨 상태에서 사고가 나는 일이 잇따랐죠. 빨강 신호등을 무시하고 교차로를 그대로 통과해 충돌한 사고, 경찰차를 들이받은 사고 등이 잇달아 일어나자, 2021년 3월 테슬라가 정밀 조사 팀을 꾸려서 프로그램 '오작동' 조사에 들어가기도 했답니다.

## 자율주행차가 사고 내면 책임은 누구에게?

2016년 사상 첫 '자율주행차 사고'가 난 뒤, 테슬라는 "자동 운행 모드여도 운전자가 운전대에서 손을 놓아서는 안 된다."라면서 차에 타고 있던 사람에게 사고 원인을 돌렸어요. 2018년에도 미국에서 우버 소속 자율주행차가 길 가던 사람을 덮쳐 숨지게 한 일이 있어요. 당시에 탑승자는 자율주행 기능을 켜 놓고 스마트폰으로 TV 프로그램을 보았다고 해요. 미국 교통 당국은 운전자가 주의를 소홀히 했고, 우버 쪽에서도 안전 관리를 적절히 하지 않았다고 지적했어요. 그런데 운전자는 재판을 받게 된 반면에 우버는 아무 책임도 지지 않았지요. 차량의 인공지능이 실수를 저질렀을 때 그 책임을 탑승자에게 물을지, 사고 차량을 만든 회사에 물을지는 아주 민감한 문제가 될 것이 확실합니다.

세계 보건 기구(WHO)에 따르면, 해마다 전 세계 135만 명이 교통사고로 사망해요. 자율주행차가 사고 위험을 낮춰 줄 수 있겠지만, 모든 사고를 막을 수 있는 건 아니지요. 아직 기술적으로도 발전할 부분이 많고요. 여러 나라의 여론 조사를 보면, 자율주행차를 '안심하고 타겠다.'라는 사람 비율이 절반에도 못 미칩니다.

물론 일반 차량도 사고를 일으키고, 자율주행차 사고가 특별히 더 많은 것은 아니에요. 그러니 걱정할 필요가 없다고 생각할 수도 있어요. 언제쯤 사람들은 자율주행차가 '충분히 안전하다.'라고 생각할까요? 자율주행 시스템이 완벽하게 안전해지거나 사고율이 아주 낮아지는 시기까지 기다려야 할까요? 그렇지는 않을 것 같네요. 전문가들은 '사람의 운전보다 상당히 안전해질 때' 사람들이 자율주행차를 믿게 될 거라고 해요. 최소한 사람이 모는 것보다는 안전하다는 믿음이 생겨야 한다는 거지요.

그런 믿음이 자리 잡기 위해서는 법과 제도가 아주 중요해

## 자율주행차에 대한 나라별 여론
(2018년 성인 21500명을 상대로 한 여론 조사)

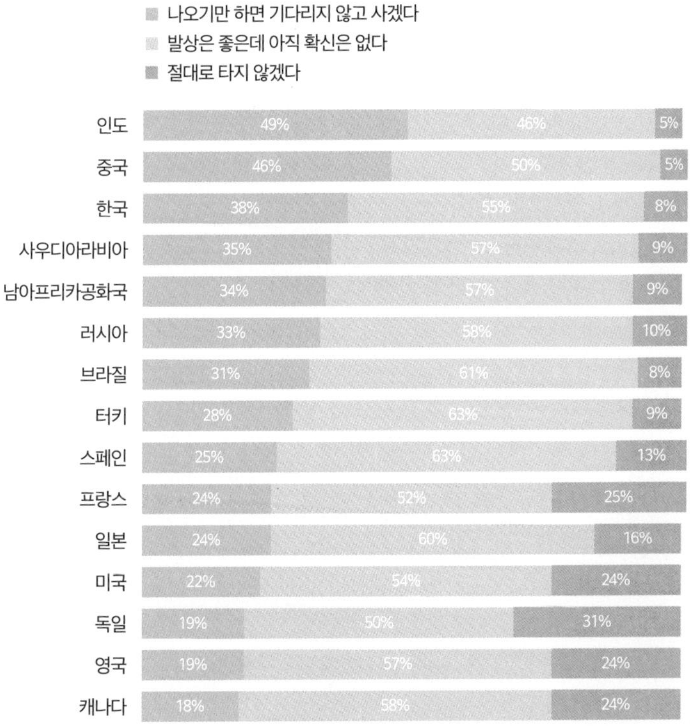


* 중복 답변으로 100%를 초과할 수 있음.

◦ 출처: Ipsos

요. 교통사고가 나면 법에 따라 책임을 가리고 보상해요. 자율주행차에 대해서는 이런 규칙들이 이제 막 만들어지는 상황이죠.

1968년에 생긴 '도로 교통에 관한 비엔나 협약'은 교통안전의 기본 원칙을 담은 국제적인 틀이에요. 한국을 비롯해 세계 130여 개국이 가입했거나 비준을 준비하고 있는 이 협약은 세계 각국이 교통 법규를 만들 때 지켜야 할 '사람 존중'의 원칙이나 국가 간 이동 교통에서 지켜야 할 안전 수칙 등을 정하고 있어요. 그런데 이 협약에 자율주행차 부분은 명확히 나와 있지 않아요. 이제는 비엔나 협약의 틀을 새로 짜야 한다는 이야기가 나오고 있지요. 각 나라의 법규 못잖게 국제적인 기준이 필요하기 때문이에요.

미국은 좀 예외적입니다. 비엔나 협약에 가입하지 않은 대신, 연방 자동차 안전 기준을 두고 있지요. 자율주행에 대해 네바다주, 플로리다주, 캘리포니아주, 미시간주 등이 각기 법을 만들었지만, 미국 대부분 지역에는 규정이 없어요. 2016년에서야 연방 정부가 '자동화 차량'이 무엇인지를 분명히 하고 시험 운행이나 도로 주행 조건을 정했지만, 아직은 틀을 만들어 가는 단계예요. 유럽도 비슷합니다. 영국은 2013년에 도로에서 자율주행차를 시험으로 운행할 수 있도록 허가했고, 프랑스도 2년 뒤 몇몇 지역에 허가 도로를 만들었어요. 싱가포르도 비슷해요. 우선 자동차 회사가 시험 주행을 신청한 뒤 심사해서 제한된 도로에서 달릴 수 있게끔 허가를 내주는 식으로 한 걸음 한 걸음 나아가요. 하지만 기술이 발전하고 새 자율주행차들이 속속 등장하는 상황이다 보니, 관련 법과 제도의 개선이 너무 더디게 느껴지기도 해요.

2019년 4월 한국은 '자율주행차법(자율주행 자동차 상용화 촉진 및 지원에 관한 법률)'을 만들었어요. 자율주행차가 보통 쓰는 내비게이션 정보보다 더 정확한 정보를 얻을 수 있게끔 도로 정보를 25센티미터 이내 오차로 담아 내는 정밀 도로 지도도 제작하고 있고요.

**자율주행차법**
2020년 국토 교통부는 서울, 대구, 제주 등 6곳의 특정 구간을 '자율주행 시범 운행 지구'로 지정했다.

하지만 여전히 자율주행차를 보면 걱정스러운 건 사고 때문만은 아니죠. 자율주행차에 대한 거부감 중에는 일자리 걱정도 큰 몫을 해요. 2017년 미국에서 실시한 여론 조사에서 응답자들은 자율주행차로 인해 사회가 어느 시점에는 격변을 맞을 것이라고 예상했는데, 많은 사람이 일자리가 없어질 거라는 우려를 했다고 해요.

## 무인 차는 과연 세상을 어떻게 바꿀까?

2019년 미국의 뉴로(Nuro) 회사는 무인 수송차 뉴로를 만들었어요. 자동차라지만 꼭 상자처럼 생겼는데, 창문도 없고 좌석도 없어요. 한쪽에만 위쪽으로 들어 올리는 문 2개가 달려 있지요. 인도에 서 있는 사람이 물건을 쉽게 뺄 수 있도록 한쪽에만 문을 단 거예요. 이 차는 아예 사람이 탑승하지 않게 끔 한 무인 배달 차량입니다.

세계의 온라인 상거래 시장은 2018년 이미 2조 달러를 넘어섰다고 추산되지요. 아마존, 알리바바, 이베이(Ebay), 라쿠텐(Rakuten), 잘란도(Zalando), 그루폰(Grupon) 같은 미국, 중국, 일본, 독일 등의 대기업이 배송 속도전을 벌이고 있어요. 특히 아시아의 온라인 상거래 시장이 급격히 커지고 있어요. 한국은 '새벽 배송'만 따져도 시장 규모가 수천억 원대에 이른다는 분석도 있고요.

혼잡한 도심에서 내 집 문 앞까지, 저렴하게 혹은 무료로 배송해 주기를 기다리는 사람들이 많지만, 기업이 배송 비용을 낮추는 데는 한계가 있지요. 결국은 택배 기사 고용을 줄이는 '무인화'로 갈 가능성이 커요. 자율주행차를 이용한 '사람

없는 택배'죠. 무인기인 드론을 이용한 택배 이야기는 이미 나오고 있어요.

어쩌면 생각보다 가까운 미래일지 몰라요. 일자리가 부족해지고 코로나19로 음식물이든 상품이든 집에서 비대면으로 배달받는 사람이 늘면서, 한국에서는 배달 '라이더'들이 크게 늘어났어요. 라이더들이 '빨리빨리'를 원하는 고객과 기업의 요구에 맞추다 보니 과로로 숨지거나 사고를 당하는 일이 문제가 되기도 해요.

2020년 9월 과학 기술 정보 통신부는 '배달의민족'과 '배민라이더스'를 운영하는 식품 배달 회사가 자율주행 배달 로봇 기술을 개발할 수 있게 규제를 풀어 줬습니다. 배달 산업이 어느 곳보다 발달한 한국은 무인 배달이 가장 먼저 선보이는 곳 중 하나가 될 수 있어요. 라이더들의 힘겨운 현실을 개선하자고 많은 사람이 이야기하지만, 그 직종 자체가 이른 시일 안에 규모가 줄거나 거의 사라질지도 몰라요.

분명한 것은 자율주행이 우리 일자리의 종류와 내용을 크게 바꿀 거라는 점이죠. 이런 변화에 개인적으로든 사회적으로든 준비하고 대응해야 해요.

유엔 기구의 통계에 따르면, 세계에서 자동차 생산과 관련

자율주행차

자율주행

셀프 파킹
자동차 시스템

—o 자율주행 시스템은 이미 우리 삶의 많은 부분을 바꾸고 있다.

된 일을 하는 사람은 1400만 명이에요. 한국에서는 33만 명으로 집계됐지요. 운수업 종사자 수는 훨씬 더 많아서 113만 명에 이릅니다. 그중 배달 대행 회사에 소속된 사람들, 즉 '라이더'는 6만 명에 이릅니다. 이 일자리들이 자율주행차로 인해 어떤 형태로든 영향을 받을 수 있어요.

하지만 또 다른 일자리도 생겨날 전망이죠. 빈자리가 있는 주차장을 찾아 주는 앱 개발, 자율주행차 안에서 시간을 보내는 사람들을 위한 콘텐츠 생산, 쌍방향 내비게이션에 광고를 제공하는 서비스 등 온갖 종류의 새로운 일도 생겨나겠지요. 로보택시와 공항을 연결하는 서비스, 무인 렌터카와 철도 승차권을 묶어 파는 앱 등 다양한 상품 등도 개발될 거예요.

## 자율주행차의 빅데이터는 어떻게 관리할까?

자동차의 인공지능이 학습하려면 엄청난 양의 데이터가 필요해요. 그 데이터는 우리의 움직임을 담은 자료예요. 내 이동 경로, 우리 집의 위치와 내가 들른 가게, 내 집 주변의 풍경이 모두 데이터가 될 거예요. 그 데이터들은 자율주행 시대에 기업의 자산이 될 수 있지요. 누군가는 그 정보들을 가지고 창업

하거나 수익을 만들어요. 스스로 그런 데이터를 활용해 새로운 사업 아이디어를 낼 수도 있어요. 아울러 이 데이터를 누가 어떻게 사용할 것인가, 혹시 사생활 침해가 되지는 않는가, 어느 정도까지 공개하고 공유할 것인가를 두고 논쟁이 생길 수도 있습니다.

만일의 위험을 막고 소비자이자 시민의 권리를 지키려면, 정부와 기업에 압력이나 영향력을 행사해서 데이터를 처리하는 과정을 우리가 원할 때 투명하게 들여다볼 수 있도록 해야 해요. 안전 운전을 위해 자율주행차 시스템에 전송하도록 허가한 내 이동 경로를, 외식 업체가 멋대로 가져다가 식당 광고를 내게 보내는 데 쓴다면 불쾌하지 않겠어요? 내 모든 움직임을 누군가 지켜보는 것 같아 으스스하기도 하고요. 아직 이런 문제에 대해 정해진 해답이나 법규는 없어요. 그렇기 때문에 앞으로 이를 어떻게 관리하고 규제할지 모두 관심을 가져야겠지요.

# 자율주행 핫&이슈 ▼

## 자율주행 기능 장착한 농기계의 변신

국내 농기계 업체가 미래 농업을 선도하겠다는 목표로 농업과 정보 통신 기술 접목에 속도를 내고 있다. 스마트폰 앱으로 작동하는 트랙터의 자율주행, 농업 솔루션 등을 미래 성장 동력으로 키우는 전략이다. 직진 자율주행 이앙기 등이 대표적이며, 코로나19로 농촌 일손을 구하기가 어려워지면서 판매량이 크게 늘었다.

## 에너지 회사, 무인 차량에 눈 뜨다

영국 석유 회사 BP가 옥스퍼드 대학교 연구 팀과 함께 무인 차량을 개발했다. 회사 측은 이미 독일 정유 공장 시설을 활용해 무인 운행 소프트웨어 시험을 마쳤고, 2021년 말까지는 무인 차량을 선보일 것이라고 밝혔다. BP는 공장 내 수송과 이동에 이를 활용할 계획이다.

## 화웨이, '자동차에게 말을 거는 도로' 개발 중

중국 통신 설비 회사 화웨이(Huawei)는 장쑤성의 한 도시에서 '자동차에 말을 거는' 스마트 도로 시스템을 만들고 있다. 4킬로미터 길이의 이 도로에는 승용차의 움직임을 파악하는 신호 체계가 깔려 있어서 자율주행차와 정보를 효과적으로 주고받을 수 있다.

(상황 예시) 브레이크가 고장 난 자율주행차 앞에 행인 5명이 지나간다. 자율주행 프로그램이 그들을 피해서 방향을 틀면 1명인 탑승자가 숨진다.

## 자율주행차의 기본 원칙은 다수를 우선 보호하는 운전인가?

### O 찬성 O

**1. 자율주행차는 다수를 살리는 게 당연하다**

방향을 바꾸지 않는다면 5명이 숨질 수 있지만, 방향을 바꾸면 사망자는 1명에 그칠 것이다. 여러 사람을 살리는 것이 올바른 판단이다.

**2. 자율주행차는 안전 문제를 책임져야 한다**

자율주행차에 탑승했다면 탑승자는 거기서부터 생겨나는 안전 문제에 스스로 책임을 져야 한다. 하지만 행인에게는 아무 책임이 없다.

**3. 자율주행차는 다수 우선이 원칙이어야 한다**

앞으로 이런 문제가 수없이 일어날 것이다. 처음부터 여러 사람을 살리는 윤리적 결정을 할 수 있도록 기업이 프로그램을 설정하게끔 법으로 정해야 한다.

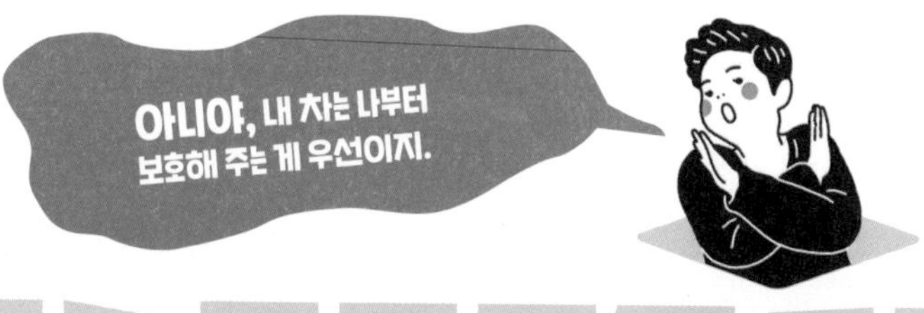


## ✖ 반대 ✖

### 1. 자율주행차는 탑승자를 위해 존재한다

기계는 당연히 이용자를 위해 존재하는 것이다. 내 자동차가 남을 살리기 위해 나를 해치는 판단을 내린다고 하면, 그 자동차를 믿고 탈 사람이 누가 있겠는가.

### 2. 자율주행차는 우선적으로 탑승자를 보호한다는 원칙이 있다

희생자의 숫자가 중요한 게 아니다. 누군가를 살리기 위해 또 다른 누군가의 목숨을 도구로 삼는 것은 옳지도 않고, 윤리적인 판단이라고 볼 수 없다.

### 3. 자율주행차는 운전자의 안전을 위해 입력대로 행동해야 한다

인공지능은 윤리를 기준으로 판단하지 않는다. 운전자의 안전을 최우선으로 삼게 설정돼 있다면 그 프로그램 지시를 그대로 따라야 한다.

# 4

# 가상현실

입학을 축하합니다
신입생 여러분, 환영합니다! 지금부터 우리 대학교의 메타버스 입학식을 시작하겠습니다. 오늘 입학식 사회는 인기 유튜버 스마트 씨가 맡아 주시겠습니다.

이번에 졸업한 선배들도 가상 졸업식 했다며?
가상 졸업식에선 탄탄소녀단이 축사도 해 줬다는데 오늘은 초대 안 했나.
어차피 가상인데 스케일 좀 크게 캠퍼스 말고 우주 공간 같은 데서 하지.

이번 과학 시간에는 어디로 떠나는 거지?
오늘은 화성이 끌리네!
난 국제 우주 정거장에 가 보고 싶어!
블랙홀도 가능한가?
이따 지리 시간에 이집트 피라미드를 보러 가자고 해야지.

# 가상과 현실이 뒤섞이는 세상

## BTS도 즐기는 메타버스, 정체가 뭐야?

세계적으로 유명해진 케이팝 그룹 BTS의 신곡 발표 현장. 화려한 무대에 올라 멋진 공연을 선보이고 취재진이 몰려 사진과 뉴스를 전송하는 장면을 상상했나요? 하지만 실제 펼쳐진 모습은 사뭇 달랐어요. 2020년 9월 BTS는 신곡 〈다이너마이트〉의 노래와 안무를 현실이 아닌 가상 공간에서 발표했어요. 바로 미국 게임 회사 포트나이트(Fortnite)의 온라인 공간 '파티로얄(Party Royale)'이죠. 배틀 게임에 참여하던 사람들

**파티로얄**
미국 게임 회사 포트나이트의 3차원 소셜 네트워크 서비스(SNS) 공간으로, 가상 콘서트, 신곡 발표장, 공연 등 가상 공간의 콘텐츠로 수익을 올린다.

은 잠시 전투를 멈추고 파티로얄에 모여 춤과 노래를 즐겼답니다. 각자 자신의 게임 캐릭터 모습을 하고요.

현실의 BTS가 등장한 가상의 공간. 우리는 이런 곳을 현실과 가상이 섞인 메타버스(Metaverse)라고 불러요. '초월'이라는 뜻의 그리스어 '메타(meta)'와 '현실 세계'라는 뜻의 '유니버스(universe)'가 합쳐진 단어예요. 말 그대로 현실을 넘어선 가상의 공간을 의미하죠. 하지만 순전한 상상이라거나 '가짜'라고만 볼 수는 없어요. BTS가 등장해 신곡을 발표했듯이 현실과 겹쳐지는 공간이니까요.

이제 우리는 3차원(3D)으로 구성된 가상현실의 시대를 살아가고 있습니다. 가상현실은 어디까지 진화할까요? 우리의 미래에는 어떤 영향을 미칠까요? 우리 각자와 사회 전체에는 어떤 결과를 가져다줄까요?

## 가상은 어떻게 '현실'이 되었을까?

2014년 미국의 소셜 미디어 기업 페이스북은 2조 5000억 원가량을 들여 오큘러스(Oculus)라는 기업을 인수했어요. 오큘러스는 가상현실을 체험할 수 있는 헤드셋을 만드는 업체입니다. 고글과 헤드폰을 만드는 회사에 한창 잘나가는 페이스북이 왜 그렇게 큰돈을 썼을까요? 이유는 분명해요. 가상현실 분야가 발전 가능성이 커 투자 가치가 있다고 판단한 거예요.

가상현실(VR, Virtual Reality)은 말 그대로 '가상의 현실'이라는 뜻이에요. 실제가 아니지만, 실제인 듯 그럴듯하게 느낄 수 있는 상황을 구현해 내는 기술, 그것으로 만들어진 현실감 넘치는 가상의 세계지요. 컴퓨터가 만들어 낸 공간 안에서 인체의 감각을 통해 마치 진짜 같은 느낌으로 체험할 수 있게 하는 것이 기술의 핵심이에요. 고해상도 디스플레이를 설치하고 광학 엔진으로 이미지를 투사해요. 인간의 두 눈에는 미세한 시차가 있어요. 컴퓨터 기술은 그 차이를 이용해, 체험자가 눈앞에 펼쳐진 이미지를 보통의 그림이나 사진 같은 평면(2D)이 아닌, 깊이감 있는 입체(3D)로 인식하게 해요.

이런 기술이 가상현실의 핵심이기 때문에, 가상현실에는 '헤드 마운티드 디스플레이(HMD, Head Mounted Display)'라는 기계가 필수적이에요. 시야에서 실제 이미지는 완전히 가려 버리고 컴퓨터 그래픽스로 구현된 세계만을 경험하게 해 주는 기계로, 고글처럼 생겨서 두 눈을 모두 감싸는 게 기본 형태지요.

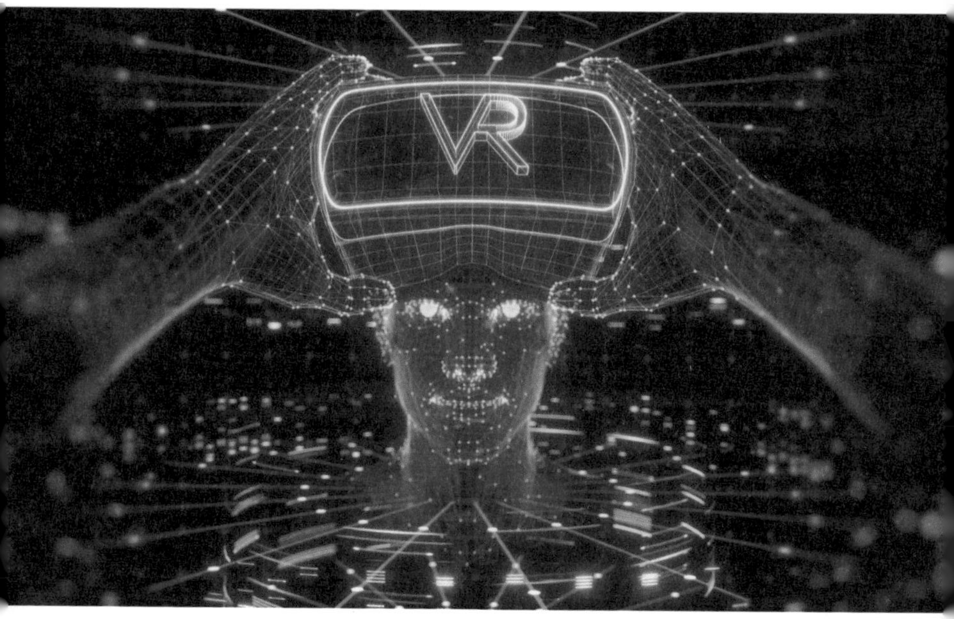

가상현실의 세계를 HMD와 트래킹으로 누비는 이용자의 모습.

초창기의 HMD는 지금 모습과는 달랐어요. 게이머가 쓰는 고글처럼 가벼운 안경을 떠올려선 안 돼요. 1960년대에 미국에서 처음으로 특허를 받은 HMD는 엄청나게 무거워서 천장에 매달아 놓고 썼다고 해요. 상상해 보세요. 커다란 물안경처럼 생긴 기계로 두 눈을 감싸고 입체 영상을 신기해하면서 들여다보는 70년 전의 사람들을.

HMD 외에 또 하나 중요한 기술은 트래킹(tracking)이에요. 사용자가 움직이는 방향을 감지해 위치를 실시간으로 추적해 좌표를 알려 주는 기술이죠. 트래킹 기술이 발전하면 사용자가 고개를 돌리거나 움직이거나 시선을 다른 방향으로 던져도 곧바로 카메라와 화면이 따라 움직이며 더욱 그럴듯한 가상현실을 펼칠 수 있게 돼요.

사람들이 그럴듯한 가짜 현실을 구현하려는 이유는 무엇일까요? 인간이 직접 체험할 수 없는 일을 상상 속에서 시도해 보고 싶기 때문이 아닐까요? 깊은 바닷속, 지구 곳곳의 아름다운 곳들, 드넓은 우주, 몸속 구석구석 등 가상현실의 적용 범위는 무궁무진해요. 실제로 할 수 없는 일을 해 보는 모의실험을 가리켜서 '시뮬레이션(simulation)'이라고 하지요. 군인이나 비행사들은 시뮬레이션을 통해 가상의 전투나 비행을 체험해요. 일반적으로는 화재나 지진 같은 재난이 일어나면 어떻게 대처하는지 미리 훈련하고, 의사는 수술 연습을 하지요. 가상현실은 이렇게 현실에 매우 유용하게 쓰일 수 있는 기술이에요.

시뮬레이션

실제와 비슷한 모형을 통해 특성을 파악하는 일. 가상의 전투나 비행, 수술, 훈련 등을 반복해 현실에서 유용하게 적용할 수 있는 장점이 있다.

실제 예를 들어볼까요? 전통적인 제조업 분야인 자동차 생산 라인에서도 곳곳에 가상현실을 활용해요. 차체를 조립하는 과정은 철저하게 분업으로 이뤄져 있고, 숙련된 기술이 필요해요. 안전사고의 위험도 크죠. 여기에 가상현실 기술을 활용하면 어떨까요? 조립 라인의 노동자들이 제품 제작에 필요한 매뉴얼을 담은 홀로렌즈(hololens) 안경을 쓰고, 작업 도중 정보나 지시 사항을 필요할 때마다 쏙쏙 찾아낼 수 있도록 한다면요? 실제 여러 자동차 생산 기업이 가상현실 매뉴얼을 도입하거나 가상으로 작업 연습을 하게 해 효율성도 높이고 안전사고를 줄이는 시도를 하고 있어요.

그뿐만 아니라 충돌 시험, 주행 시험 등 생산된 자동차의 안전성을 검증할 때도 다양한 상황을 담은 가상현실을 도입해 테스트해요. 실제 위험 상황을 피하고 비용을 절감하면서 시뮬레이션의 효과를 높이고 있어요.

이 기술을 처음 개발한 곳은 대학이었지만, 실제로 맨 먼저 활용에 나선 곳은 미국 항공 우주국, 즉 나사(NASA)예요. 1969년 나사가 우주 비행사들을 훈련할 때 이 기술을 도입했어요. 초기 나사의 훈련 모델은 커다란 고글을 쓰고 컴퓨터와 비디오 시스템을 활용해 가상의 공간을 체험해 보는 것이

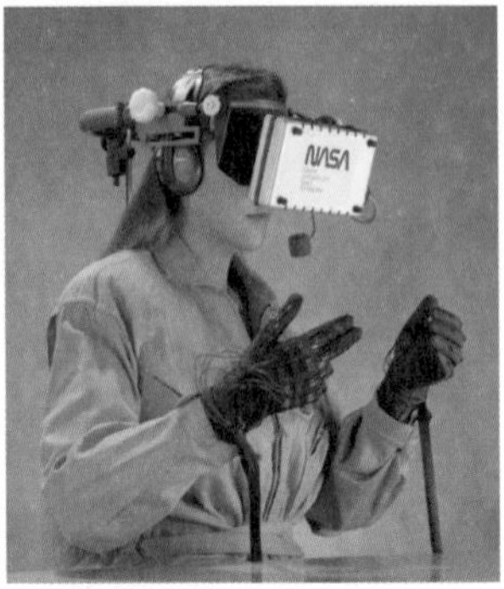

나사의 가상현실 실험. 센서와 케이블이 달린 헬멧과 글러브.

었어요. 우주에 나가 본 적 없는 우주인들에게 미리 우주를 경험하도록 하는 '가상' 체험이 필요했던 나사는 1980년대부터 관련 시스템 개발에 박차를 가해요. 1990년대 들어 뷰(VIEW, Virtual Interface Environment Workstation)라는 프로그램을 도입하는데요, HMD를 끼고 가상 환경을 입체적으로 느낄 수 있도록 한 것이죠. 여기에 데이터글러브(DataGlove)라는 것을 착용했는데, 센서와 광섬유 케이블이 붙어 있는 장갑으로 손가락의 움직임이 그대로 전달되어 컴퓨터에 반영되도록 설계됐어요. 이후 입을 수 있는 옷 형태의 데이터수트(DataSuit)도 개발되어 훈련을 받는 사람의 움직임까지 모두 반영될 수 있게 했죠. 우주 유영이나 국제 우주 정거장 내에서 하는 다양한 활동을 미리 경험해 봄으로써 사고나 실수를 줄이고 더 높은 연구 성과를 기대할 수 있게 된 거예요.

최근에는 다른 하드웨어 발전과 맞물려 HMD를 개인용 컴퓨터나 휴대폰에 연결해 사용하는 다양한 방식이 나오고 있

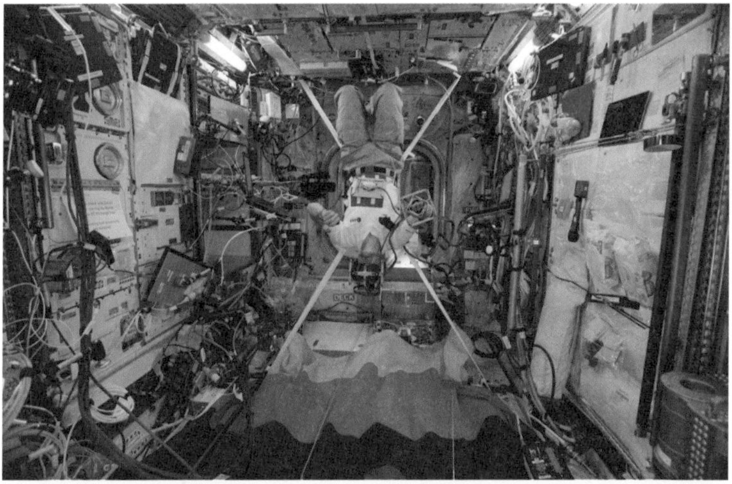

콜럼버스 호 우주 실험 모듈 안의 우주 비행사(위). 이제 가상현실 프로그램을 통해 누구나 저 머나먼 우주를 경험할 수 있다(아래).

어요. 지금 당장 휴대폰으로 간단하게 가상 현실을 체험할 수 있는 방법의 하나가 구글의 '카드보드'예요. 카드보드 앱을 휴대폰에 다운로드하고, 구글 VR 사이트에 공개된 설계도를 따라 골판지와 렌즈를 이용해 고글 형태의 뷰어(Viewer)를 만들어요. 아마 이 카드보드를 직접 써 본 사람들이 한국에도 꽤 많을 거예요. 앱을 구동한 휴대폰을 뷰어에 끼워 눈앞에 대 보세요. 겨우 몇천 원, 혹은 좀 더 좋은 뷰어를 산다 해도 몇만 원 정도면 눈 덮인 평원을 가로지르고, 롤러코스터를 타고, 사라진 공룡 트리케라톱스를 만나 볼 수 있어요. 놀랍지 않나요?

**구글 카드보드**

사용자의 스마트폰, 즉 모바일을 이용하는 VR HMD이다. 카드보드 본체에 사용자의 스마트폰을 장착하면 누구나 간편하게 VR 세계를 체험할 수 있으며, 골판지가 주재료라 저렴한 것이 특징이다.

구글 카드보드.

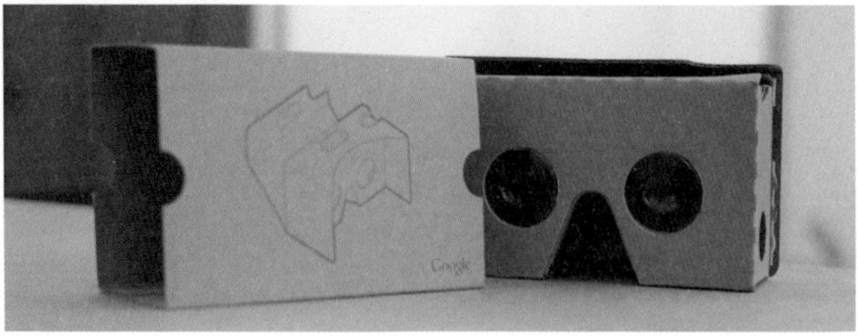

하지만 뷰어를 통해 3차원 입체 영상을 보는 것은 가상현실의 극히 일부분이에요. 앞에 소개한 메타버스를 생각해 보세요. 실제의 BTS와 만나는 가상 공간은 가상과 현실이 혼합된 혼합 현실이라고 할 수 있겠죠. 선풍적인 인기를 끈 닌텐도의 〈모여 봐요 동물의 숲〉 게임도 메타버스에 기반을 둬요. '동물의 숲'이라는 가상의 세계에 존재하는 플레이어(캐릭터)가 여러 활동을 하지요. 자신의 섬에 꽃을 심고 집을 꾸며요. 다른 캐릭터의 섬을 찾아가 메시지를 남길 수도 있어요. 재미난 것은, 가상의 동물이 플레이어인 우리와 똑같은 현실의 시간을 살아간다는 거죠.

미국의 조 바이든(Joe Biden) 대통령은 2020년 미국 대선 운동 때 〈모여 봐요 동물의 숲〉 게임을 선거 캠페인에 활용했어요. '바이든 본부(Biden HQ)'라는 섬을 꾸며 놓고 사람들이 방문할 수 있게 했죠. 또 마인크래프트(Minecraft) 게임을 볼까요? 이 게임은 네모 블록으로 이뤄진 가상의 세상을 무대로 해요. 이 가상현실에서 게임 참가자들은 블록을 이용해 얼마든지 원하는 것을 만들고 다른 이들과 소통하지요. 게임 장면을 영상 콘텐츠로 만들어 플랫폼에 공유하며 100만 명 넘는 구독자를 모은 크리에이터가 탄생하기도 해요.

2016년 전기 차를 생산하는 테슬라와 민간 우주 기업 스페이스X CEO인 일론 머스크(Elon Musk)는 한 컨퍼런스에서 말했지요. "우리가 살고 있는 세상이 진짜 실제일 확률은 10억분의 1입니다."라고요. 이게 무슨 말인지 상상이 되나요? 과거와는 비교할 수 없을 정도로 빠른 속도로 기술이 발전하고 있고, 그 기술로 인해 실제와 구분할 수 없을 정도의 '가상현실'이 구현될 것이므로 현실과 가상현실 구분 자체가 무의미하다는 의미입니다. 다소 과장된 의견이라고 생각할 수 있지만, 한 가지는 확실해요. 기술이 발전하는 속도의 문제는 있을지언정 가상현실은 성큼 우리 곁으로 다가와 있다는 것이죠.

20세기 끝자락인 1999년에 나온 영화 〈매트릭스〉의 설정은 실제라고 믿었던 현실이 사실은 뇌에서 생각한 대로 구현되는 가상현실이라는 데서 시작했어요. 내가 사는 세상이 꿈인지 현실인지, 내가 꿈을 꾸는 것인지 현실을 살아가는 것인지 혼동을 일으킬 만큼 감쪽같은 가상현실. 머지않은 미래에 이런 가상현실이 찾아올까요?

**영화 〈매트릭스〉**

인간의 기억마저 인공지능에 의해 입력되고 삭제되는 세상을 배경으로 한 워쇼스키 형제(이젠 자매)의 영화. 진짜보다 더 진짜 같은 가상현실 '매트릭스'의 미래를 배경으로 인공지능과 이에 대항하는 인간 사이의 대결을 그렸다.

## 기술과 콘텐츠의 만남은 앞으로도 계속된다

이번엔 가상현실과는 조금 다른 증강현실을 살펴볼게요. 가상현실이 가상의 세계를 경험할 수 있는 기술이라면, 증강현실(AR, Augmented Reality)은 현실에 가상의 입체를 붙여 넣는 기술을 말해요.

가상현실은 실제로 체험할 수 없는 공간을 만나는 것에 초점을 맞추지만, 증강현실은 현실 세계에 가상의 물체나 인물을 포개는 것이죠. 사용자의 얼굴에 동물 모양을 입히고, 핼러윈이나 유령 분장을 스티커로 붙여 재미있게 꾸미는 스노우 앱도 증강현실에 속해요. 사진에 찍힌 '얼굴'은 현실이지만, 카메라로 얼굴을 정확히 인식하고 얼굴이 움직이는 대로 스티커가 따라 움직이며 증강현실이 구현되지요.

선풍적인 인기를 끈 〈포켓몬 고〉 게임은 바로 증강현실을 게임에 적용한 사례예요. 스마트폰에 앱을 깔고 스마트폰의 카메라를 켜면 실제 거리와 건물에 포켓몬 캐릭터들이 나타나요. 몬스터 볼을 이용해 포켓몬을 붙잡아 키

〈포켓몬 고〉 게임.

우고 훈련이나 대결을 시키기도 하지요.

이 게임이 아직 한국에 상륙하기 전인 2016년에는 포켓몬이 뜬다고 알려진 강원도와 경상북도 곳곳에 마니아들이 몰려들면서 고속버스 표가 매진되기도 했어요. 그런 선풍적인 인기는 어디에서 나왔을까요? 우선 기술을 꼽을 수 있어요. 가상현실과 증강현실, 메타버스를 실감 나게 보여 주는 그래픽 기술이 발전해 있고, 사용자 쪽에는 인터넷과 스마트폰이 널리 보급돼 있어요. 별다른 HMD 장비 없이도 내 손안의 작은 장비만으로도 가상현실을 체험할 수 있게 된 거죠.

실시간으로 포켓몬을 잡으려면 위성 항법 시스템(특히 GPS) 기술도 필요해요. 가상현실, 증강현실은 게임 분야에서 두각을 나타내지만, 교육이나 의료, 엔터테인먼트, 스포츠 등 다양한 분야로 점차 확장되고 있어요. 내전이 일어난 시리아에서는 인류 문화유산인 고대 유적이 무너졌는데, 그 유적들의 사진과 영상 자료를 가지고 다른 나라, 다른 도시에서 유적을 가상현실로 관람할 수 있게 하는 이벤트가 열리기도 했어요. 코로나19로 문을 닫게 된 세계의 박

**위성 항법 시스템**

인공위성을 이용해 지구상의 위치를 아는 항법으로, 항공기나 선박, 자동차 등에서 주로 이용된다. GPS는 위성에서 보내는 신호를 수신해 사용자의 현재 위치를 계산하는 위성 항법 시스템의 한 종류다.

카지미르 말레비치(Kazimir Malevich)의 가상 전시회에 전시된 작품 〈자화상〉(1933). 코로나19 이후 비대면 시국에 폐쇄하게 된 전 세계의 수많은 미술관과 박물관이 가상현실을 활용한 온라인 전시를 연일 이어 갔다.

물관과 미술관 역시 앞다퉈 가상현실을 활용한 온라인 전시를 선보였지요.

다시 게임 〈포켓몬 고〉로 돌아가 볼까요? 이 게임의 성공 요인은 '현실적'이라는 데서 찾을 수 있어요. 존재하지 않는 동물 캐릭터가 현실적이라니, 거짓말 같죠? 하지만 참가자들이 게임하면서 느끼는 감각과 성취하는 과정을 들여다보세요. 캐릭터에 대한 호기심, 포켓몬을 잡고 싶은 욕심, 업그레이드의 재미, 도전과 대결로 느끼는 성취감, 다른 이들과 소통하는 재미 등이 합쳐졌기에 성공적인 '상품'이 된 거예요.

동기를 부여하고, 성취감과 도전 정신을 자극하고, 그 과정에서 스스로 선택하는 재미를 느끼게 하고, 대결만이 아니라 소통할 수 있게 하는 점이 매력을 끈 것이죠. 이렇게 현실과 가상을 잇는 흥미로운 콘텐츠를 만드는 능력이 앞으로 성장할 이 분야에서 일하려는 이들에게 필요하다는 뜻이기도 해요. 가상현실 기술이 점점 더 다양한 분야에서 활용됨에 따라 누가 어떻게 '이용하고 싶은' 콘텐츠를 만드느냐 하는 경쟁 역시 치열해질 거예요.

## 관찰자에서<br>참여자로

일곱 살 나연이는 희귀병을 앓다가 2016년에 세상을 떠났어요. 나연이 엄마는 한시도 딸을 잊은 적이 없어요. 단 한 번만이라도 나연이를 만나고 싶습니다. 2020년 한 방송 프로그램이 나연이 모습을 구현했습니다. 나연이의 모습이 담긴 사진과 동영상으로 목소리와 말투, 몸짓을 분석해 가상현실과 특수 영상 기술로 표현한 거예요. 나연이 또래 아이의 목소리를 녹음하고 동작을 캡처한 뒤 거기에 나연이의 모습과 목소리를 입혔어요. 나연이 엄마는 HMD를 장착하고 장갑을 끼고 가상의 나연이를 만나요. “나연아, 잘 있지? 나연이 안아 보고 싶어.”

나연이 엄마는 “좋은 꿈을 꾼 것 같다.”라고 했어요. 사무치게 그리운 딸을 가상으로나마 볼 수 있다는 건 기술 덕이었습니다. 비슷한 아픔을 지닌 시청자들은 프로그램에 공감했고, 그 뒤 방송사에서는 세상을 떠난 배우자를 만나게 하거나 발전소에서 일하다 컨베이어 벨트에 끼어 숨진 청년 김용균 씨의 작업 장면을 담은 속편을 만들기도 했지요.

‘가상현실 저널리즘’으로 불릴 만한 이 영역은 아직 한국에서는 낯설지만, 미국에서는 드물지 않아요. 미국의 〈뉴욕 타임스〉는 독자들에게 구글 카드보드 뷰어 100만 개를 배포하고, 가상현실을 체험할 수 있는 다큐멘터리 콘텐츠를 내놓았어요. 뷰어를 쓰고 〈뉴욕 타임스〉의 가상현실 앱을 켜면, 선생으로 가족을 잃은 사람들을 만나 이야기를 듣고, 뉴욕 시내를 걷고, 미국과 멕시코 사이의 국경을 돌아볼 수 있어요.

**가상현실 저널리즘**
2012년 미국 선댄스 영화제에서 로스앤젤레스의 기아 문제를 다룬 가상현실 다큐멘터리가 소개되면서 가상현실 저널리즘 시대가 열렸다.

가상현실 체험에 주로 쓰이는 360도 동영상도 요즘 많이 늘어났지요. 예전에는 고프로(Gopro)처럼 360도 촬영 카메라로 찍어야 했지만, 최근에는 특별한 카메라 없이 스마트폰으로도 360도 촬영을 할 수 있는 기술이 나왔어요. 이런 기술이 계속 나오면 '읽는' 뉴스나 TV에서 편집된 대로 보여 주는 뉴스보다, 사건들을 가상으로나마 체험해 보는 뉴스가 크게 늘어나겠지요.

2013년 미국에서는 로스앤젤레스의 기아 문제를 다루는 다큐멘터리 영상이 공개됐어요. 할리우드와 베벌리힐스로 유명한 로스앤젤레스에 기아라니? 그런데 사실이에요. 미국의 대도시에서 끼니조차 제대로 챙기지 못한 남성이 당뇨를 앓다가 숨진 겁니다. 그는 무료 급식소 앞에 줄 서 있던 사람들 사이에서 쓰러져 숨졌어요.

다큐멘터리에 등장한 영상은 물론 연출해서 촬영했어요. 하지만 한 남성의 죽음은 실제로 벌어진 사건이었죠. 다큐멘터리를 보는 사람들은 가상현실을 통해 마치 그 남성 옆에 서 있는 것처럼, 그 장면을 생생히 '겪게' 되지요.

굶주림에 지친 사람에 관해 글로 읽을 때와 비록 가상이지만 눈으로 목격한 것처럼 경험할 때 우리의 느낌은 어떻게 달라질까요? 가상현실 저널리즘이나 콘텐츠 체험은 우리 개인

몇 년 전부터 유엔 난민 기구를 비롯해 여러 국제 구호 기구가 난민촌 모습을 담은 가상현실 콘텐츠를 이용해 모금 캠페인을 진행하기 시작했다.

과 사회에 상당한 영향을 주고 변화를 가져올 수 있어요.

이미 국제 구호 기구들은 감정과 생각의 변화가 실천으로 이어지게 하려고 가상현실을 활용하고 있어요. 유엔 난민 기구(UNHCR)는 시리아와 이웃한 중동 국가 요르단의 난민촌 모습을 담은 가상현실 콘텐츠를 이용해 모금 캠페인을 했어요. 비슷한 사례로 줄 하나에 매달려 아슬아슬 강을 건너 등교하는 네팔 아이들의 시선에서 콸콸 흐르는 강물을 보여 주는 360도 영상이 교육 캠페인으로 이어지기도 해요.

하지만 가상현실을 저널리즘이나 캠페인에 활용하는 데는 몇 가지 우려도 나와요. 우선 자극적인 내용이 늘어날 수 있다는 거지요. 화제를 불러일으키거나 조회 수를 높이기 위해 가상현실로 폭력을 지나치게 사실적으로 묘사한 보도물이 나올 수도 있으니까요.

또 다른 우려는 '조작'에 관한 것이에요. 사진을 포토샵으로 고치는 것은 이젠 일반적인 일이 됐어요. 그런데 언론이나 교육 분야에서 그런 '보정'을 어느 선까지 받아들일 수 있을까요? 일상생활에서 사진을 찍고 포토샵을 이용해 보정하는 작업을 '거짓'이라고까지는 할 수 없을 거예요. 하지만 사진이나 영상을 아예 조작해 없는 부분을 그럴듯하게 끼워 넣거나, 원래 있던 무언가를 슬그머니 지워 버린다면 더 이상 그 사진이나 영상은 '사실'이 아니게 됩니다.

딥 페이크(deepfake)라는 말을 들어 보셨나요? 딥 러닝(deep learning)과 가짜(fake)를 합친 이 용어는 원본에 다른 사진이나 영상을 합쳐 그럴듯하게 진짜처럼 만들어 낸 것을 말해요. 이렇게 얼핏 봐서는 실제인지

**딥 페이크 감별**

딥 페이크로 인한 피해가 늘면서 대응책 또한 강력하게 요구되고 있다. 딥 페이크가 적용된 동영상을 감별하는 기술을 선보인 마이크로소프트를 비롯해, 구글, 페이스북 등 글로벌 IT 기업이 딥 페이크 방지 기술을 개발하고 있다.

아닌지 구분하기 힘든 가짜 영상이 급격하게 늘어나고 있는 데다 연예인의 이미지를 악용한 불법 영상물이 만들어지기도 해요. 주변 일반인의 사진을 도용한 범죄로 이어진 경우도 있지요. 저널리즘에서 이런 일이 일어난다면 그야말로 '가짜뉴스'가 됩니다. 생생한 보도는 가상현실 저널리즘의 장점이겠지만, 만일 조작이 일어난다면 그 부정적인 영향은 더욱 커지게 되지요.

**가짜뉴스**
뉴스의 형태를 띠고 있지만 사실이 아닌 거짓 뉴스로, 의도를 가지고 조작되거나 거짓 정보를 사실처럼 유포한다는 특징이 있다.

## 가상현실의 나는 진짜 나인가?

2020년 말 데뷔한 걸그룹이 있습니다. SM엔터테인먼트 소속의 에스파(aespa)입니다. 이 그룹의 이름은 '아바타(avatar, 분신)'와 '익스피리언스(experience, 경험)', '애스펙트(aspect, 관점)'의 앞 글자를 따서 합친 것이라고 해요.

아바타는 원래 인도 신화에 나오는 말인데, 실제 존재의 분신이나 화신을 가리켜요. 하지만 지금은 온라인에서 가상 캐릭터를 가리키는 말로 더 흔히 쓰이지요.

에스파는 독특한 이름에 걸맞은 활동을 합니다. 실제 현실에 4명의 구성원이 있고 이들의 '아바타' 4명이 따로 존재해요. 인공지능 아바타들은 현실의 멤버들과 소통한다고 해요. 에스파의 멤버 4명과 이들 각각의 아바타는 같은 인물일까요, 다른 인물일까요? 증강현실 또는 메타버스에서 게임을 즐길 때 이용하는 캐릭터는 진짜 나일까요, 아니면 나와 다른 존재일까요? 같다면 어떤 점에서 같고, 다르다면 어떤 점에서 얼마나 다를까요?

스마트 테크놀로지 시대를 살아가는 우리는 소셜 미디어와 포털 사이트에 가입돼 있고, 게임이나 커뮤니티 플랫폼에서 활동합니다. 그 닉네임의 '나'와 실제의 나는 같은 정체성을 갖고 있나요, 아니면 여러 명의 내가 존재하는 느낌인가요?

사람마다 다르고, 경우에 따라 다르겠지요. 그러니 같다거나 다르다고 잘라 말할 수는 없어요. 그런데 이런 사례를 한번 볼까요? 최근에도 꾸준히 논란이 되는 일인데, 2016년 미국에서 한 게임 사용자가 가상현실 게임을 하다가 성추행을 당했다고 블로그에 썼어요. 이 사용자는 멀티 플레이어 모드로 좀비를 물리치는 게임을 했는데, ID로는 성별을 알아보기 어려웠지만 목소리로 다른 사용자들은 그가 여성인 것을 알았지

가상현실 게임 속 캐릭터와 아바타는 현실의 나와 어디까지 같고, 어디까지 다를까? 가상현실의 범죄는 현실 세계의 기준과 어떻게 연결될까?

요. 그러자 한 게임 캐릭터가 이 여성 사용자의 캐릭터를 성추행했어요.

가상의 아바타가 벌인 일이지만, 그 아바타는 실제 사용자가 조작해요. 가해자는 나쁜 의도로 추행했고, 피해를 당한 캐릭터 사용자는 모욕감을 느꼈어요. 이 상황에서 아바타와 실제 사용자는 같은 인물일까요, 아닐까요? 가상의 범죄도 현실의 범죄와 똑같이 처벌해야 할까요? 혹은 가상현실에서 살인과 전쟁을 '체험'한다면 사람들의 폭력성이 더 늘어날까요?

아직은 답을 알 수 없어요. 하지만 곧 우리가 답을 찾아야만 할 물음이지요. 가상과 현실이 뒤섞이는 시대에 이런 물음에 대한 대답은 사람마다 다를 수 있어요. 사회가 변화하고 적응하는 속도보다 기술이 더 빨리 발전하기 때문에, 답을 내놓기는커녕 질문을 따라잡기도 바빠 허덕거릴지도 몰라요.

그렇다고 해서 고민하지 말아야 한다는 뜻은 아니에요. 오히려 우리는 앞으로 기술을 펼쳐 낼 세계의 본질을 보려 애써야 해요. 가상의 내가 누구인지, 가상 세계에서는 어떤 책임을 지고 어떻게 행동해야 하는지 여러 가지 주제를 놓고 사회가 머리를 맞대야 해요. 무인도에서 살아가지 않는 바에야, 가상은 이제 '현실'이 되고 있으니까요.

## 가상현실 핫&이슈 ▼

### 모동숲에서 민주화 시위를?

2020년 4월 홍콩의 민주화 시위대가 닌텐도 게임 〈모여 봐요 동물의 숲〉(모동숲)에서 중국에 반대하는 시위를 이어갔다. 홍콩의 한 민주화 운동가는 "'모동숲'은 정치 검열이 없어 싸움을 계속하기 좋다."라고 말했다. 그런데 얼마 뒤 중국의 온라인 쇼핑몰에서 '모동숲' 게임이 자취를 감췄다.

### 코로나19가 앞당긴 가상현실 회의

코로나19로 인해 가상현실, 증강현실을 활용한 회의가 늘고 있다. '줌'이나 '구글 미트'처럼 카메라를 켜고 인터넷으로 화상 회의를 하는 것뿐 아니라, 가상의 회의실에 들어가 홀로그램이나 아바타 등으로 참석자들과 함께 모여 회의하는 것이다.

### '랜선 청와대'로 가자

2020년 5월 청와대는 어린이날을 맞아 게임 콘텐츠 마인크래프트에 '랜선 청와대'를 만들고, 어린이들을 초대했다. 청와대의 초대장을 받은 크리에이터 '도티'가 친구들과 청와대를 찾아가 둘러보고, 대통령 부부 캐릭터를 만나 이야기를 나눴다.

가상현실 토론

# 가상현실에서 일어나는 일에도 현실의 법을 적용해야 할까?

## ○ 찬성 ○

### 1. 가상현실에서도 현실과 똑같이 고통받을 수 있다

캐릭터 뒤에는 사람이 있다. 가상현실에서 벌어진 일이라 해도 성범죄나 괴롭힘 따위로 피해자가 정신적 고통을 받는다는 점은 현실과 똑같다. 가해자와 피해자가 있으니 범죄로 보고 처벌하는 게 당연하다.

### 2. 가상현실에서 범죄가 더 심화될 수 있다

가상현실에서는 성범죄나 폭력 범죄의 정도가 더 심할 수 있고, 또 가상현실에서의 그런 행위가 실제 현실에서의 범죄로 이어지거나 현실의 범죄를 더욱 잔혹하게 만들 수도 있다.

### 3. 가상현실의 문제에 대해 미리 법을 정비해야 한다

과학 기술이 발전할 때마다 법이 기술을 따라가지 못해 사각지대가 생기는 경우가 많다. 가상현실도 마찬가지 문제점이 생길 수 있으니 미리 법을 정비해야 한다.

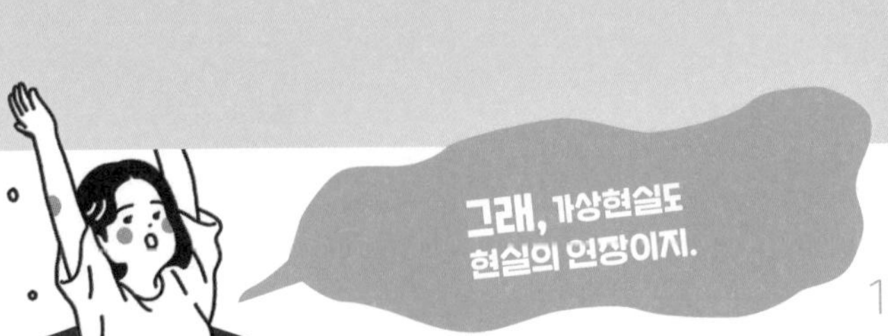

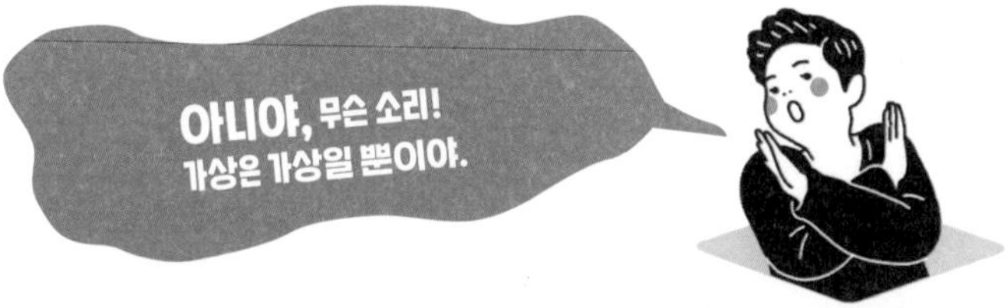


## ✖ 반대 ✖

### 1. 가상현실은 실제 존재하지 않는 허상일 뿐이다

현실에서 일어나지 않는 일이기 때문에 '가상'인 것이다. 가상현실에서 다른 이용자들의 권리를 침해했을 때는 가상현실 안에서 권리를 박탈하고 불이익을 주면 된다. 가상에서 일어난 범죄가 현실 세계로 이어진다는 증거도 아직 없다.

### 2. 가상현실 세계에 맞는 또 다른 규범이 있어야 한다

국적을 초월한 가상현실에 특정 국가의 법을 적용하는 게 가능할까? 또 가상현실에서 나타날 범죄의 양상은 지금 우리가 아는 것과는 다를지 모른다. 가상의 세계에 맞는 또 다른 규범이 필요하다고 생각한다.

### 3. 가상현실을 만드는 기술이나 기업에 책임을 물어야 한다

참가자들의 문제로만 봐서는 안 된다. 기술을 공급하거나 서비스를 운영하는 기업에 책임을 물을 수 있도록 법규를 다듬는 게 우선이다.

# 5

# 사물인터넷

# 생각 열기 툰

앗, 냉장고에
빨간 불이 들어왔네.
사과랑 토마토가
얼마 안 남았나 봐.
얼른 주문해야지.
지금 냉장고에
남은 식자재로
요리할 만한 레시피를
알려 드릴게요.

현재 타이어의 압력과
마모 상태는 정상입니다.

100KM
오전 8시 현재 홍대입구역,
상수관 파열로 일시 홍수 상태.
우회하세요.
5분 더 소요될 예정입니다.

이제 사람도, 집도, 학교도, 도로도, 공장도, 도시도, 나라도 모두 하나로 연결되는 세상이 될 거야. 초연결 사회라고 할 수 있지.
모두 연결된 세상이라니 듣기만 해도 근사하다. 하지만 그중에 하나만 끊어져도 모든 게 엉망이 되어 버리겠지?

# 물건들이 살아 있다!

## 시작은 '트로이 목마의 방'에서

1991년 영국의 케임브리지 대학교 컴퓨터 연구실은 트로이 목마의 방이라고 불렸어요. '트로이의 목마'는 고대 그리스 서사시 『일리아드』에 나오는 장치죠. 그리스 병사들이 거대한 목마 안에 숨어 있었는데 그걸 모르고 트로이인들은 성채 안으로 목마를 끌고 들어가요. 한밤중에 목마에 숨어 있던 그리스 병사들이 나와서 트로이를 공격합니다. 그 뒤로 '트로이의 목마'는 예상하지 못했던 위험을 안고 있는 물건이나 장치를 가리키는 말로 쓰이지요.

컴퓨터 연구실이 왜 트로이의 목마가 됐을까요? 연구실 옆

방에 간식과 음료, 커피포트가 있었고, 연구원들은 일하다 지치면 한 번씩 와서 커피를 마셨지요. 그런데 연구실에서 멀리 떨어진 방에서 일하던 한 연구원이 종종 불편함을 겪었어요. 몇 층을 오르내리며 기껏 오면 커피가 똑 떨어져 허탕 쳤던 거예요. 그래서 이 연구원은 커피포트에 카메라(최초의 웹캠이죠)를 달아, 여러 연구실의 컴퓨터에 커피가 얼마나 남았는지 사진을 보내는 장치를 만들기로 했지요. 지금으로 치자면 '커피포트 실시간 라이브'인 거죠.

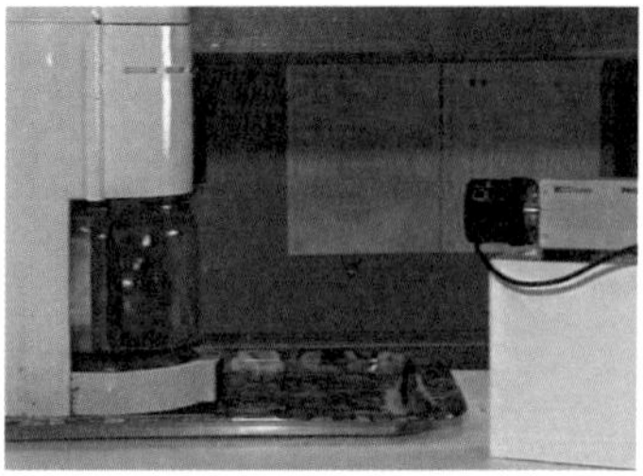
트로이 목마의 방 커피포트와 카메라.

이 이야기를 듣고 여러분은 그게 뭐 어렵겠느냐고 생각할지 모르지만, 30년 전만 해도 웹캠을 달아 캡처해 인터넷에 연결하고 전송하는 일은 기술적으로 상당한 도전이었어요. 하지만 이 연구원은 성공했고, 몇 년 뒤에는 세계 어디에서나 웹 사용자들에게 인터넷 정보로 커피포트에 커피가 얼마나 남았는지 알려 주는 서비스를 할 수 있게 됐지요. 이 커피포트에는 '트로이 목마 커피포트'라는 이름이 붙었어요. 정보를 알려 주는 웹캠의 애칭은 'X커피'예요.

## '사물', 인터넷으로 이어지다

여러분은 커피포트에 인지 기능이 갖춰지고, 커피포트의 현재 상황에 대한 정보가 우리에게 고스란히 전달되는 장면을 보았어요. 1990년대 후반 대학 연구실에서 일어난 이 사건은 '사물인터넷'의 초기 형태를 보여 주지요.

사물인터넷(IoT, Internet of Things)은 다양한 센서가 달린 물건들이 통신으로 연결돼 데이터를 주고받는 것을 뜻해요. 말 그대로 '사물'이 '인터넷'으로 이어진다는 의미의 이 용어는 1999년에 처음 등장했어요. 미국에서 일하던 영국 출신 엔지니어 케빈 애슈턴(Kevin Ashton)이 고안한 개념이에요. 그는 P&G에서 브랜드 매니저로 일하면서 재고가 얼마나 남았는지 관리하고 있었어요. 어떻게 하면 아직 팔리지 않고 남은 상품들을 좀 더 효과적으로 관리할 수 있을까 고민한 그는 제품과 매장에 전자 태그(RFID, Radio Frequency Identification)와 무선 센서를 달아 남은 분량을 체크하자는 제안을 내놓았어요. 이 아이디어는 무선 인터넷도 없었고 영상이나

**전자 태그**

극소형 칩에 상품 정보를 저장하고 안테나를 달아 무선으로 데이터를 송신하는 장치. 'RFID' 혹은 '스마트 태그', '전자 레이블', '무선 식별' 등으로 불린다.

모든 것이 인터넷으로 연결된 세상.

문자를 실시간으로 전송하기에는 통신망의 연결 속도도 빠르지 않았던 당시, 선풍적인 관심을 불러일으키죠. 우리 주변의 물건들을 연결할 수 있다는 개념 자체가 혁신이었어요.

이후에 통신망 보안 업체 시스코(Cisco)는 사물인터넷을 확장한 '만물인터넷(IoE, Internet of Everything)'이라는 표현을 쓰기도 했죠. 이 개념은 센서와 통신 기술이 발전하면서 함께 혁신을 거듭해, 지금은 여러 산업 분야에서는 물론 우리의 일상까지 바꾸고 있어요.

쉬운 예를 생각해 볼까요? 혹시 여러분 집에 음성을 인식하는 인공지능 스피커가 있다면, 그게 바로 사물인터넷 이해의 시작입니다. "베토벤 교향곡 7번을 틀어 줘."라고 명령하면 스피커는 센서로 목소리를 인식한 뒤 인터넷으로 베토벤 교향곡 7번을 검색하지요. 검색 결과를 우리에게 알리고, 가장 관련성 높은 오디오 파일을 찾아 틀어 줘요. 남은 음식의 양을 확인하고 안에 남은 재료로 만들 음식 조리법을 검색해 알려 주는 냉장고도 나오고 있어요.

## 사물인터넷에는 어떤 기술이 필요할까?

이처럼 우리 주변에는 사물인터넷이 속속 스며들고 있어요. 한 컨설팅 보고서에 따르면, 2019년 한국의 사물인터넷 플랫폼 시장 규모는 7540억 원에 이르렀고, 2023년이 되면 1조 3300억 원으로 커질 것이라고 내다봤습니다. 4년 만에 2배로 커지다니, 엄청난 성장세죠.

사물인터넷이 구현되는 플랫폼이 성장한다는 것은 센서, 보안, 인공지능 등 다양한 기술과 산업이 함께 발전한다는 뜻이에요. 사물인터넷이 발전하려면 여러 가지 기술 발전이 뒷받침돼야 하거든요.

우선 센서가 필요해요. 케임브리지 대학교 연구원이 커피포트에 카메라를 달던 시절로 돌아가 볼까요? 사물인터넷의

—o 이미 일상으로 들어온 인공지능 스피커.

시작은 제품에 센서를 다는 거예요. 물건에 인지 기능을 줘서 필요한 정보를 모으게 하는 거지요. 사람은 눈과 귀로 보고 들으면서 정보를 파악해요. 그렇게 감지한 정보는 뇌를 거치면서 가공되어 사람의 판단과 행동에 이르죠. 이와 비슷하게 물건에 감각을 주는 거예요.

커피포트가 커피 양을 알려면, 즉 물건이 정보를 파악하려면 자기 자신 혹은 주변의 사물을 식별하는 기술이 필요해요. P&G 물류 창고에 쌓인 상품에 부착했던 전자 태그가 그런 역할을 해요. 전자 꼬리표(태그)를 달아서 이것이 어떤 물건이고 누구의 것인지, 무엇에 쓰는 것인지를 알 수 있게 하는 과정은 주민등록증에 비교할 수 있어요. 이런 흔한 예가 신용 카드나 교통 카드예요. 버스 단말기에 카드를 대면 전파를 이용해 정보를 인식하고 요금을 빼 가죠. 전자 태그 형태로 물건을 구분하기도 하지만, 요즘에는 사물에 IP 주소를 이름표처럼 달아 활용하기도 해요. 인공지능 스피커가 대표적인 예입니다.

스피커는 수집한 정보, 즉 사용자의 목소리에 담긴 내용을 파악한 뒤 블루투스나 와이파이를 통해 웹과 연결되어요. 인터넷이 사물과 사물의 연결 고리인 거죠. 통신 기술이 발전할수록 연결할 수 있는 물건이나 장치의 범위가 넓어져요. 집 안에서 개인용 컴퓨터나 랩톱으로만 쓸 수 있던 인터넷이 스피커와 냉장고, 스마트워치, 커피포트, 자동차 등 온갖 사물로 이어지는 것이죠.

**클라우드**
데이터를 인터넷과 연결된 중앙 컴퓨터에 저장해서 인터넷에 접속하기만 하면 언제 어디서든 데이터를 이용할 수 있다.

또 다른 중요한 기술은 클라우드(cloud)입니다. 수집하고 연결한 정보를 한곳에 모아 정보의 저수지를 만들고, 필요할 때마다 누구든 꺼내 쓸 수 있게 하는 기술이죠. 내 컴퓨터에 저장된 것이 아니라 하늘에 떠

있는 구름처럼 모두의 정보가 한데 모여 있는 곳. 그 구름에 연결만 된다면, 누구나 꺼내 쓸 수 있는 정보라서 이름이 클라우드(구름)예요. 우리 집에 베토벤 교향곡 CD가 없어도 인공지능 스피커가 음악 클라우드에 이어져 있기 때문에, 눈에 보이지 않는 어딘가에 저장된 음악을 들을 수 있어요.

예를 들어 볼까요? 휴대폰으로 찍은 용량이 큰 사진이나 작업 문서를 나중에 여러분은 어떻게 저장하나요? 보통 컴퓨터 하드 또는 외장 하드, USB를 활용하지요. 하지만 인터넷을 통해 중앙 컴퓨터 서버에 이를 저장하면, 인터넷을 사용할 수 있는 곳이라면 어디서든 이 데이터를 꺼내 이용할 수 있어요. 우리가 쓰는 데이터, 더 넓게 보면 인터넷 세상 자체를 클라우드로 볼 수 있는 것이죠.

이렇게 모인 정보, 특히 여러 사용자의 것이 한데 합쳐진 방대한 정보가 빅데이터예요. 페이스북 사용자의 개인 정보도 한 덩어리로 생각하면 어마어마한 빅데이터가 되고, 인공지능 스피커를 쓰는 사람들이 검색한 음악 목록도 빅데이터가 되고, 자율주행차를 타는 사람들이 가장 많이 이동하는 경로도 한데 모아 파악하면 어마어마한 빅데이터가 되지요. 인공지능과 빅데이터, 사물인터넷은 서로 연결되어 있답니다.

## 연결, 그 안에 숨겨진 비밀

이젠 집도 똑똑해지고 있어요. 세탁기를 돌리려는데 세제가 없네요. 인터넷으로 주문해도 내일 새벽에나 배송된대요. 마트에 가서 사 오려니 귀찮고 시간이 걸리죠. 세제가 얼마나 남았는지 미리 알았다면 좋았을 것을. 세탁기가 알아서 세제가 거의 떨어질 때쯤 알려 주면 얼마나 편할까요? 상상이 아니에요. 미국의 아마존이 벌써 그런 서비스를 만들었어요. 세탁기나 자주 쓰는 기기에 손가락 2개 크기의 아마존 대시(amazon dash)라는 장치를 붙여 두면 이 장치가 세제의 양 등을 인식해요. 아마존이 노리는 것은 분명해요. 대시 버튼을 누르면 주문까지 아마존에서 끝내는 거죠. 약 5달러, 즉 5000원

아마존 대시. 모양에 나온 기기에 부착한다. 아마존이 보유한 사물인터넷 기술과 자동화 시스템을 총집결시켰다는 평가를 받았다.

남짓한 돈으로 세탁기나 집 안 기기를 '스마트한 기계'로 변신시킬 수 있다는 뜻이에요. 사물인터넷이 집안일에 어떻게 쓰일지를 보여 주는 간단하지만 혁신적인 사례지요.

스마트폰으로 집 안도 '스마트'하게 관리할 수 있어요. 인공지능 스피커와 조명을 연결해 음악에 맞춰 빛이 바뀌는 스마트 전구도 있어요. 냉장고와 에어컨, TV 등 가전제품을 어디서든 켜고 끌 수 있고, 냉난방기를 조정해 집에 도착하기 전에 미리 집 안 온도를 조절할 수도 있어요. 가정용 보안 카메라나 스마트 도어록 같은 장치는 센서로 수상한 움직임을 감지해 집 밖에 나간 주인의 스마트폰에 이상 신호를 보내 주지요. 퇴근 전에 스마트폰 앱으로 로봇 청소기를 작동시키면 깨끗이 청소된 집에 들어설 수 있어요.

집주인이 지시를 내리지 않아도 집이 '알아서' 그날 날씨에 따라 온도를 조절하고, 전등을 켜 놓고, 음악을 틀고, 청소를 할 날도 머지않았어요. 음악조차도 평소 나의 취향에 맞춰서 인공지능이 골라 놓고 틀어 줄지도 몰라요.

집이 똑똑해지면 생활은 편해집니다. 그뿐 아니라 에너지를 절약할 수도 있어요. '앗, 보일러를 끄고 나오는 걸 깜박했네!' 같은 일은 더 이상 일어나지 않는 거죠. 하지만 한편으로는 집이 똑똑해지는 만큼 전기를 너무 많이 쓰게 되는 것은 아닐까 걱정되기도 해요. 그래서 미래학자들은 사물인터넷에 바탕을 둔 스마트홈이 태양광을 비롯한 친환경 에너지와 연결돼야 한다고 말해요. 실시간으로 전력 사용을 모니터해서 낭비되는 전기를 차단하고, 태양광 발전으로 전기를 모아 뒀다가 온도에 맞춰 냉난방하는 식이죠.

이렇게 에너지와 사물인터넷을 도시 혹은 나라 전체로 확대해서 친환경 전력 시스템을 만들자는 것을 '스마트 그리드(smart grid, 똑똑한 전력망)' 구상이라 부릅니다.

**스마트 그리드**

기존 전력망에 정보 기술을 접목해 전력 공급자와 소비자가 쌍방향으로 실시간 정보를 교환함으로써 에너지 효율을 최적화하는 차세대 지능형 전력망을 뜻한다.

사물인터넷은 아이나 노인을 돌보는 역할에도 변화를 가져오고 있어요. 기저귀에 센서를 달아 흡수된 수분의 양을 인식해 스마트폰으로 알려 주는 기술이 나왔어요. 아이가 울기 전에 사물인터넷이 먼저 알려 준다면 육아의 신세계가 열리겠지요. 거동이 불편한 노인이나 환자들이 많은 요양원이나 병원에서도 스마트 기저귀는 큰 도움이 될 거예요. 기저귀에 배변 패턴이나 상태를 분석할 수 있는 모니터 기능이 추가된 기술이 공개되기도 했어요.

혼자 사는 노인이나 치매 노인을 위해서 사물인터넷이 쓰이기도 해요. 센서를 장착한 사물인터넷 단말기를 혼자 사는 노인의 방에 설치하면 온도나 습도 등 방 안 상태는 물론, 동작 데이터를 수집해 전송하고, 컴퓨터 프로그램은 거주자가 편안한 상태인지 아닌지 판단하게 됩니다. 등하교하는 아이 가방에 사물인터넷 단말기를 넣어 두면 교문을 지나갈 때나 통학 버스를 타고 내릴 때 단말기 센서를 인식해 위치를 쉽게 파악할 수 있는 기술도 있어요.

생활 편의를 넘어 의료 영역까지 사물인터넷이 확장되고 있습니다. 건강 관리 분야는 이미 사물인터넷의 발전이 속속 배어들고 있는 분야예요. 미국 구글의 자회사 핏빗(Fitbit)이 만든 손목시계를 차면 심박 수, 걸음 수, 수면의 질, 개인 건강 상태를 측정하고 기록할 수 있어요. 사람의 움직임을 파악해서 하루 동안 얼마나 걸었는지 알려 주는 만보기 기능도 지금은 스마트폰 안으로 들어와 있지요. 이렇듯 스마트 장치를 통해 수집한 건강 정보를 의료 기관으로 보내는 기능도 있어요. 예를 들어 고혈압 환자가 이런 장치를 착용한다면, 갑자기 혈압이 높아져서 쓰러지는 일이 생기지 않도록 경보를 울리고, 만일의 경우 그런 일이 일어났을 때 주변에 사람이 없어도 구급대가 출동할 수 있지요.

이런 장치들을 '웨어러블 디바이스(wearable device)'라고 불러요. 말 그대로 옷처럼 '입을 수 있는 인터넷 연결 장치'를 뜻해요. 스마트폰은 스마트워치와 연결되면서 차츰 웨어러블 디바이스 쪽으로 가고 있어요.

**스마트워치**

건강 관리, 전화 통화, 사진 촬영, 음악 재생, SNS 등 여러 가지 컴퓨터 지원 기능을 추가한 시계로, 대표적인 웨어러블 디바이스다.

웨어러블의 핵심은 어색하거나 불편하지 않고 사용자가 내 몸의 일부처럼 느낄 수 있어야 한다는 점, 쓰기 편해야 한다는 점이에요. 더 나아가면 파스처럼 몸에 붙이는 방식, 혹은 아예 몸 안에 칩을 이식하는 방식도 있지요.

스마트홈만 가능한 게 아닙니다. 여러분의 교실에 이 기술을 적용하면 어떨까요? 바로 '스마트 클래스룸'이죠. 한 대학에서는 노트북, 빔 프로젝터 등 강의 기기뿐만 아니라 강의실의 조명이나 냉난방기 등에도 센서를 부착해 각 수업에 맞는 강의 환경을 만들 수 있는 사물인터넷 강의실을 도입했어요.

여러분에게도 꿈같은 이야기가 아니에요. 한 지방 자치 단체는 2022년 관내 초등학교에 사물인터넷 기술을 적용하겠다는 계획을 발표했어요. 전자 칠판, 3D 프린터, 태블릿 PC, 터

치형 텔레비전 등을 활용해 강의보다는 학생 참여를 확대하는 쌍방향의 수업을 진행하겠다는 계획이죠. 더 나아가면 선생님과 로봇이 함께 움직이는 교실도 가능하지 않을까요? 이미 미국과 유럽에서는 로봇 교사가 등장해서 인기를 끌었어요.

물론 이런 기술이 늘 성공을 거두는 것만은 아니에요. 앞에서 말한 아마존 대시로 돌아가 볼까요? 생활을 엄청 편하게 해 줄 것 같던 대시는 지금은 생산되지 않아요. 기능에 문제가 생겨서가 아니라, 필요가 없어졌으니까요. 그 대신 아마존은 인공지능 스피커 알렉사(Alexa)를 내놓았어요. 알렉사는 음악을 틀고, 날씨를 알리고, 오늘 이동할 경로에 차가 막히는지, 어떤 전철을 타야 할지 알려 줄 수 있어요. 아마존에서는 알렉사를 단순한 스피커가 아니라 '비서'라고 부릅니다. 세제 등 소모품이 얼마나 남았는지만 알려 주는 대시는 더 이상 생산할 필요가 없어진 거예요.

그럼 대시는 실패작일까요? 그럴 수도 있고 아닐 수도 있어요. 결과적으로 다른 서비스에 묻혀 사라졌지만, 기술이 개발됐을 당시에는 놀랍고 재미난 큰 혁신이었던 데다 기능 자체는 살아남아 다른 기계에 적용되고 있으니까요. 자동차의 이동 경로를 알리는 내비게이션이나 디지털카메라 기능이 이

―○ 디지털 화이트보드(전자 칠판)로 프로그래밍 로직을 보여 주고 있는 초등학교 과학 교실(위). 가상현실 HMD를 쓴 학생이 대화형 3D 환경에서 공부하고 있다(아래).

젠 스마트폰 안으로 쏙 들어가고, 스트리밍 서비스가 늘면서 CD를 사는 사람들이 크게 줄었죠. 이렇게 기술은 합쳐지고 변형되는 과정을 늘 거친답니다.

**스트리밍 서비스**
인터넷에서 음성이나 영상, 애니메이션 등을 실시간으로 재생하는 기법이다. 별도 저장 공간이 필요 없기 때문에 하드디스크 용량과 관계없이 콘텐츠를 자유롭게 재생할 수 있다.

## 스마트팜부터 스마트시티까지, 상상 그 이상의 세계로

사물인터넷이 나아갈 범위는 어디까지 확장될까요? 냉장고와 스피커뿐 아니라 집과 공장과 농장과 도시가 모두 똑똑해지고 있어요.

1차 산업이라고 불리는 농업과 축산업에는 어떻게 사물인터넷이 적용되는지 궁금하지 않나요? 여기 사과나무를 키우는 한 과수원이 있어요. 여느 과수원과 다르지 않죠. 그런데 이 과수원에는 곳곳에 센서가 설치돼 있어요. 센서는 과수원의 온도와 습도를 체크해요. 기상 예보를 보고, 건조한 날씨가 이어질 것 같으면 나무에 뿌리는 물의 양을 늘려요. 땅속 센서는 토양 상태를 파악해 어떤 비료를 얼마나 넣어야 가장 달고 맛있는 사과가 나올지 알려 주네요. 병충해를 파악하는 센서는 이파리 상태를 보고 위험을 경고해요. 과수원 주인은 서버로 전해진 정보들을 보며 사과나무를 관리하지요.

돼지가 자라는 축사에서도 역시 센서가 온도와 습도를 파악해요. 사료와 물이 얼마나 남았는지 알아내고, 자동 사료 배급 장비에 정보를 줘서 먹이통에 사료를 부어 놓게 하지요. 심지어 이 농장의 돼지들에게는 웨어러블 디바이스가 달려 있어요. 돼지의 체온, 몸무게, 상태, 활동 정도 등을 기록하면 멀리 떨어진 곳에 있는 농장주도 스마트폰으로 확인할 수 있어요. 이런 장치들은 모두 태양광으로 움직여요. 지금 한국이나 미국, 일본에서는 도심의 빈 공간이나 교외의 문 닫은 공장을 스마트팜으로 만드는 사업이 이뤄지고 있어요.

사물인터넷 기술을 공장에 적용한 것을 스마트팩토리, 사무실 업무에 센서와 IT 기능을 접목한 것을 스마트오피스라고 불러요. 그럼 스마트팩토리의 예를 볼까요? 미국의 제너럴 일렉트릭(GE)은 공장 이름을 '브릴리언트 팩토리(brilliant factory)'로 지었어요. 문자 그대로 해석하면 똑똑한 공장이죠. 제너럴 일렉트릭은 자체적으로 이 공장을 '생각하는 공장'이라고 불러요. 이 회사는 전 세계에 수백 개 공장을 갖고 있

**브릴리언트 팩토리**

방대한 양의 수집 데이터에 기반해 최적의 시나리오를 제시하고 의사결정을 하는 스마트팩토리다. 첨단 제조, 첨단 디지털 방식, 로봇, 3D 프린팅 등을 중시한다.

터치 패드를 든 농장주가 토양의 질을 조절하기 위해 질소, 인산, 칼륨, 수분, 빛 등 데이터를 확인하는 스마트팜의 모습(위). 공장 엔지니어가 사물인터넷 창고 관리 시스템을 통해 재고 관리 등을 혁신하는 스마트팩토리는 현재 진행형이다(아래).

는데요, 공장마다 생산하는 물건이 다릅니다. 공장마다 생산에 최적화된 환경이 어떤 것인지도 각각 다르다는 이야기죠. '생각하는 공장'이 알아서 척척 물건 만들기에 최적화된 환경을 만든다면 어떨까요? 실제로 그런 시도가 이뤄지고 있어요. 공장 내 여러 장비에 센서를 부착해 데이터를 수집한 뒤 분석해 현장에서 생겨나는 여러 문제점을 파악하고 해결책까지 제시하는 소프트웨어가 공장에 도입되고 있으니까요. 이 소프트웨어의 핵심이 바로 공장의 여러 설비에 센서를 부착해 수집한 데이터를 여러 컴퓨터와 주고받으며 분석하도록 한 사물인터넷 기술이었던 겁니다.

사물인터넷의 활용 범위를 조금 더 넓혀 볼까요? 스페인의 바르셀로나는 세계적인 관광지인데요, 이 도시는 오랜 골칫거리인 쓰레기를 처리하는 데 사물인터넷을 활용해요. 도시 인구가 늘어나니 쓰레기통이 점점 커져서 나중에는 사람 키처럼 높아진 거예요. 그러다 보니 뚜껑을 열어 쓰레기가 가득 찼는지 확인하는 일이 매우 불편해졌지요. 쓰레기통에 센서를 달아 어느 정도 찼는지 알려 주는 것만으로도 청소 노동자들에게는 큰 도움이 됐어요. 요즘 우리나라에서도 아파트의 음식물 쓰레기통에 센서를 단 곳을 볼 수 있어요. 집집마다 내

—o 스페인 바르셀로나에서 열린 2016년 스마트시티 엑스포.

놓는 쓰레기 양을 체크해 너무 많으면 관리비를 더 내게 하는 식입니다.

도시의 또 다른 문제는 주차난이에요. 바르셀로나에선 스마트폰에 앱을 깔고 GPS를 켜면 주변에 빈자리가 있는 주차장을 알려 줘요. 바르셀로나뿐 아니라 유럽 여러 나라에서 이 방식을 이미 도입했어요. 한국에서도 빌딩 주차장이 다 차 있으면 '만차' 표시가 들어오는 것을 자주 봤지요? 이 방법을 도시 전체에 적용한 거죠.

덴마크 코펜하겐에는 시민이 참여하는 솔루션 랩(Copenhagen Solution Lab)과 스트리트 랩(Street Lab)이 있어요. '거리의 실험실'이라는 이름에서 보듯, 거리 전체를 실험실 삼아 도시의 문제를 정보 기술로 해결하는 거예요. 주차 문제, 대기오염 문제를 첨단 기술로 해결하되, 거기에 시민들이 참여할 수 있게 하는 방식이에요. 그런데 도시를 스마트하게 만든다고 에너지를 되는대로 낭비하면 안 되겠죠. 주민 중 누구는 혜택을 보지만 누구는 소외되는 일이 있어서도 안 되고요. 우리가 사는 사회를 편리하게 만드는 과학 기술의 발전도 당연히 중요하지만, 도시에 살고 있는 사람들의 참여와 호응 역시 꼭 필요해요.

외국에서만 스마트시티를 만날 수 있는 건 아니에요. 서울을 비롯한 우리나라 여러 도시의 지하철역이나 정류장에 설치된 전광판을 보면, 전철이나 버스가 언제 도착하는지 쉽게 알 수 있어요. 교통 카드 한 장으로 전철과 버스를 갈아탈 수 있고, 앱으로 결제하면 공유 자전거도 이용할 수 있지요. 주차 금지 구역에 센서를 달아 불법 주차를 막는 곳도 있어

**스마트시티**

도시의 교통, 환경, 교육, 안전, 주거, 복지 서비스 등의 분야에 첨단 정보 기술을 적용해 시민이 편리하게 생활할 수 있는 '똑똑한 도시'를 만드는 사업이다.

요. 알게 모르게, 우리 주변의 모든 것이 연결되고 있답니다.

## 그럼에도
## 완벽한 기술은 없다

2016년 10월 오전, 미국은 인터넷 사이트가 먹통이 되는 바람에 큰 난리가 났습니다. 아마존, 트위터(Twitter), 넷플릭스(Netflix)는 물론이고 CNN이나 〈뉴욕 타임스〉 같은 언론사 홈페이지도 다운됐어요. 몇 시간 동안 1000개 넘는 사이트가 마비된 거예요.

원인은 도메인 서비스 회사에 '디도스(DDoS) 공격'이 일어난 것이었지요. 여러 곳에서 프로그램이 동시에 서비스를 공격해 기능하지 못하게 하는 사이버 범죄의 일종이에요 이 일로 정보 기술 보안 업계는 큰 충격을 받았어요. 물론 해킹이 처음은 아니었어요. 그런데 유독 더 충격적이었던 이유는, 많은 이들이 일상에서 쓰는 수많은 사물인터넷 기기가 우리도 모르는 사이 해킹 수단으로 활용됐기 때문이죠.

**디도스 공격**

인터넷 사이트에 '서비스 거부(DoS)'를 유발하는 해킹 기법이다. 특정 인터넷 사이트가 소화할 수 없는 규모의 접속 통신량(트래픽)을 한꺼번에 일으켜 서비스 체계를 마비시키는 방식이다.

**봇넷**

스팸 메일이나 악성 코드 등을 전파하도록 하는 악성 코드 봇(Bot)에 감염되어, 해커가 마음대로 제어할 수 있는 좀비 PC들로 이루어진 네트워크를 가리키는 말이다.

해커들은 악성 코드를 가지고 사물인터넷 기기를 마음대로 조종할 수 있는 봇넷(Botnet)을 만들어 디도스 공격을 퍼부었어요. 앞서 설명한 집과 농장과 공장의 똑똑한 장비들이 악성 코드에 감염되면, 해커의 공격 명령을 따르는 좀비처럼 움직일 수 있다는 무시무시한 이야기죠.

기업은 사물인터넷 장치를 판매할 때 아이디와 암호를 모두 똑같이 세팅해 내놓아요. 집집마다 기기 암호가 다르면 클라우드에서 관리하는 데 시간과 비용이 들기 때문이죠. 이렇게 사전에 설정된 암호, 즉 '디폴트 암호(default password)'를 해커가 파악해서 공격한다면요? 말만 들어도 섬뜩하지요. 우리 집 냉장고와 스피커가 내 생활을 해킹해서 어딘가로 전송한다고 생각해 보세요. 기기가 봇넷에 감염됐는지조차 모른 채 피해를 보게 될 때, 그 피해는 누가 어떻게 책임질 수 있을까요?

개인의 권리와 사생활을 침해할 위험이 크다면, 완벽한 기술이라 할 수 없어요. 사물인터넷이 발전하려면 개인 정보를 어떻게 보호할지, 보안은 어떻게 유지할지가 정말 중요해요. 전문가들이 모여서 보안 기준을 만들고, 이를 충족시키면 공공 기관이 인증해 주자는 제안이 나오고 있어요. 물론 기업이 애당초 제품을 설계할 때 보안과 개인 정보 보호를 최우선에 두게 하고, 사용자들이 보안 패치나 소프트웨어를 계속 업데이트하는 것도 중요하죠.

현대 사회는 사람과 사람 사이의 연결을 넘어, 사람과 물건, 물건과 물건까지 모두 이어지는 '초연결 사회'로 가고 있습니다. 그 배경엔 기술의 발전이 자리 잡고 있고요. 사물인터넷, 모바일, 빅데이터, 인공지능, 클라우드 등 지금도 우리가 쓰는 다

**초연결 사회**
인터넷, 통신 기술 등의 발달에 따라 네트워크로 사람, 데이터, 사물 등 모든 것을 연결한 사회를 뜻한다.

양한 기술이 극도로 발전해 사람도, 집도, 학교도, 공장도, 도시도, 국가도 모두 연결되는 사회가 만들어진다는 전망이지요. 모두 연결되고 이어지는 사회는 듣기엔 근사하지만, 그 이면엔 매듭 하나만 끊어져도 모든 것이 파괴될 수 있다는 어두운 가능성도 동시에 내포해요. 그런 점에서 기술이 어떻게 안전하게 쓰일 수 있을지, 범죄를 완벽하게 막지는 못해도 적어도 피해를 최소화할 수 있는 방법에 대해 논의를 시작할 때가 왔어요.

성큼성큼 다가오는 미래에 대한 기대가 커지는 것 못잖게, 일자리 걱정 또한 존재해요. 농장이나 공장에서 단순 작업을 하는 사람들 숫자는 점점 줄어들 테니 말이죠. 결국 일의 종류나 형태가 바뀌는 추세에 맞춰 사람들이 새로운 일을 배울 수 있게 하고, 이들을 교육하는 사회 제도와 시스템을 사회 변화와 함께 차근차근 만들어 나가는 노력이 필요해 보입니다.

## 사물인터넷 핫&이슈▼

### 스마트시티 국가 시범 도시, 부산에 탄생

2020년 12월 '스마트빌리지'의 입주자가 결정됐다. 물, 에너지, 로봇, 건강, 교통 등의 분야에서 40여 개의 혁신 기술을 도입한 주거 단지다. 주민들이 살면서 직접 기술을 체험하는 생활 속 연구실을 구현한 것으로, 입주 희망자 경쟁률이 143대 1에 달하는 등 관심이 높았다.

### 점원도, 계산도 필요 없는 매장

2018년 미국 시애틀에 '아마존고(amazon go)'가 문을 열었다. 점원은 없다. 다양한 센서와 카메라가 고객과 상품의 이동을 감지하고, 알아서 계산한다. 손님은 스마트폰에 설치된 앱을 켜고 쇼핑한 뒤, 앱과 연동된 결제 수단의 금액을 확인하면 된다.

### 지하철 스마트팜, 메트로팜을 아시나요?

2019년 서울 지하철역에 상추나 샐러드 채소를 키우는 농장이 5곳 생겼다. 지하철역의 빈 공간에 채소를 키우는 스마트팜이다. 컴퓨터에 식물 재배에 적절한 조건을 입력하면 자동으로 환경이 설정된다. 실내의 밀폐 공간에 있어서 미세 먼지나 병충해 걱정을 덜어 주어 도시 농업의 모델로 떠오르고 있다.

사 물 인 터 넷 토 론

# 모든 사물이 연결되는 시대, 과연 괜찮을까?

## ○ 찬성 ○

### 1. 사물인터넷은 삶의 질을 높여 준다

인간과 사물이 연결되는 범위가 확장되면 삶의 질이 훨씬 나아질 게 확실하다. 특히 어린이, 노인, 장애인, 환자가 안전하게 지내는 데 큰 역할을 할 것이다.

### 2. 사물인터넷은 산업을 발전시키고 새로운 일자리도 만들어 준다

이 과정에서 여러 산업이 자연스럽게 발전하고 도약하는 기회가 될 것이다. 사라지는 일자리도 있겠지만, 새로운 일자리가 더 많이 생겨날 것이다. 거기에 맞춰 우리 스스로 배우고 적응할 필요가 있다.

### 3. 사물인터넷은 우리 사회를 안전하게 만든다

재난이나 테러 같은 위험을 감시하기도 쉬워질 것이다. 안전하고 평등한 공동체에 기술 발전이 기여하는 부분이 크다고 생각한다.

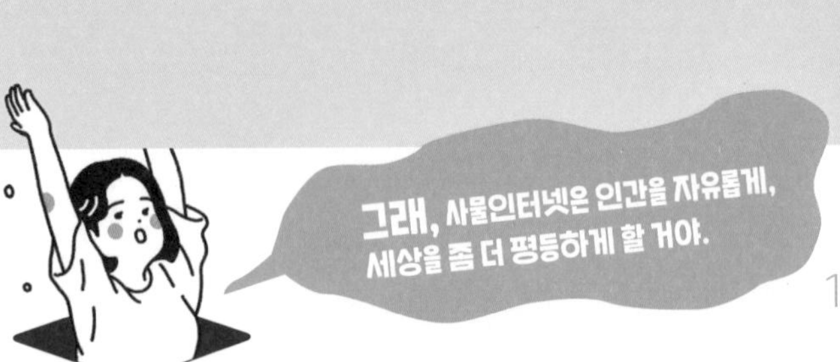

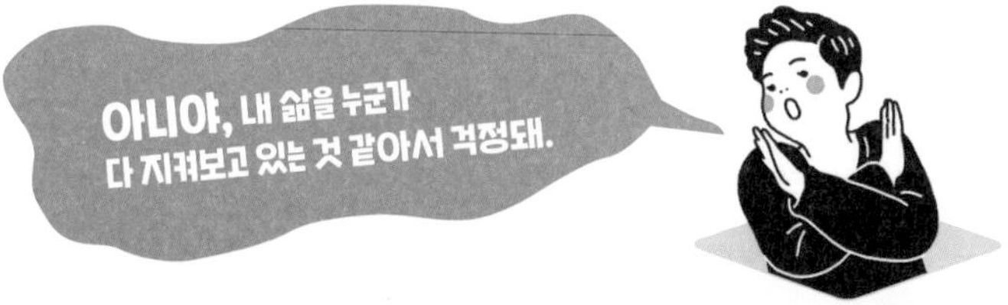


## ✖ 반대 ✖

### 1. 사물인터넷은 개인 정보를 보호할 수 없다

생활이 편리해진다는 점은 인정하지만, 연결을 위해 투입된 개인의 정보가 과연 제대로 관리될까? 우리의 사생활이 어디선가 노출되지는 않을까 걱정스럽다.

### 2. 사물인터넷은 인간을 무력하게 한다

사물에 지능이 생기고 모든 일을 처리한다면 사람은 무슨 일을 해야 할까? 새로운 일자리가 사라지는 일자리의 숫자만큼 생겨나지는 않을 것이다. 새로운 일자리에 맞는 교육을 받지 못하거나 새로운 기술을 갖추지 못한 사람들은 어떻게 할지 대책이 부족하다.

### 3. 사물인터넷은 범죄나 재난의 틈이 될 수 있다

해킹 범죄는 지금도 많다. 사이버 범죄 때문에 어느 하나가 마비되면 초연결 사회 전체가 마비될 수도 있다. 그뿐 아니라 사고가 나서 우리 도시나 우리 동네의 전기가 끊기기라도 하면 모든 게 멈추지 않을까 걱정스럽다.

# 6

# 유전자공학

인간 게놈 지도 해독 프로젝트 성공!
근력 45%, 뇌 활용 50%, 기억 용량 4배 증강! 평균 신장 4cm, 평균 체중 5kg 감소! 그야말로 인간 유전자의 최신판 업그레이드입니다!

업그레이드 유전자고 뭐고… 난 이놈의 꽃가루 알레르기가 생략된 유전자를 가지고 태어났어야 했어. 푸에치!!!

그건 약으로도 치료할 수 있잖아. 난 한 번 보면 무조건 기억하는 초능력 같은 유전자를 선택해야지. 상상만 해도 신난다.
그런 유전자는 세상에 없다. 그리고 무작정 좋아하기엔 일러. 유전자 편집 기술의 혜택이 돈 많은 사람들에게 돌아가면, 또 다른 차별과 불평등을 일으킬지도 모른다고.
매정한 인간들, 예전에는 우리더러 '너는 내 운명'이라고 하더니,
이제는 멋대로 자르고 붙이겠대.

# 자르고 붙이는 셀프 유전자 시대

## 유전자 지도, 인류가 생산해 낸 가장 경이로운 지도

2000년 6월 미국 빌 클린턴(Bill Clinton) 대통령은 인간의 유전자 지도 초안이 마침내 완성됐다고 발표했어요. 사람의 유전자라는 책에 쓰인 글자를 읽어 내는 '인간 게놈 프로젝트(Human Genome Project)'의 성과였지요. 미국, 영국, 일본 등 18개국이 협력한 큰 인류사적 프로젝트였어요. 당시 클린턴 대통령은 "오늘 우리는 신이 인간의 생명을 창조하면서 사용한 언어를 배우기 시작했다. 인간의 질병 퇴치와 치유에 새로운 장을 열었다."라고 선언했어요. 지난 10년간 30억 달러에 이르는 엄청난 자금을 투입해 결국 인간 유전자 해독에 성공한 사

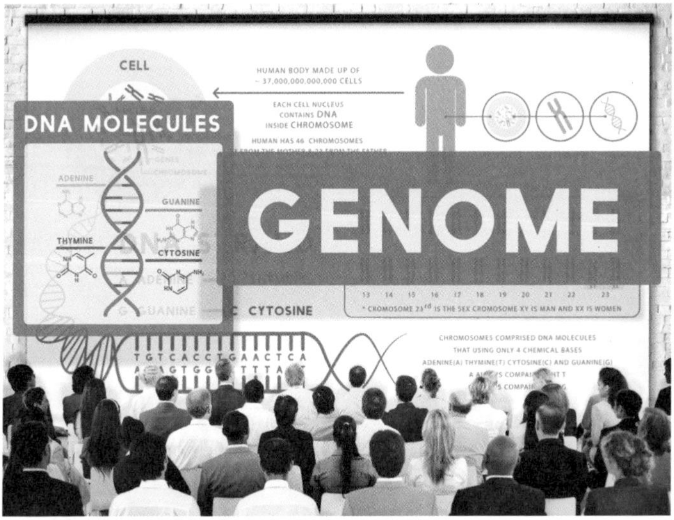


—o 인간 유전자 지도 해독은 인류사에 유례없는 새로운 길을 열었다.

실을 전 세계에 알리는 자리에서, 클린턴은 “인간 유전자 지도는 인류가 생산해 낸 가장 중요하고 경이로운 지도”라고 찬사를 아끼지 않았지요.

전 세계는 “인류의 질병 극복에 커다란 전기가 마련됐다!”라며 환호했어요. 유전자 지도를 이용해 암, 치매, 당뇨 등 각종 질병을 치료할 길이 열릴 것이라고 여겼지요. 물론 20년이 지난 지금, 일정한 성과에도 불구하고 질병 정복은 결코 쉽지 않은 길이었음이 밝혀졌지만요. 그 이후 수많은 연구가 현재 진행 중이에요.

분명한 것은 유전자공학으로 이미 여러 가지 새로운 시도가 현실화되었다는 거예요. 작은 예를 보자면, 밤이면 어항 속에서 알록달록 불빛을 내는 열대어가 있어요. 관상용 물고기 제브라피시의 유전자를 변형해 반짝반짝 빛나게 한 글로피시로, 미국에서 특허받은 '상품'이에요. 유전자공학이 아니라면 탄생할 수 없는 생명체지요. 또 중국에서는 목화 유전자를 바꿔 '컬러 목화 섬유'를 만들었고, 일본에서는 누에 유전자를 조작해 원하는 색깔의 천연 명주실을 생산하는 데 성공했어요. 기존처럼 염색 등의 공정이 필요 없게 된 거죠. 생명공학이 얼마나 빨리 현실의 필요를 반영하는지 보여 주는 사례예요.

**유전자공학**

분자 생물학의 발전에 따라 유전자 인공 합성이 가능하게 돼서 생겨난 새로운 연구 분야다. 생물의 유전자를 인공적으로 변화시켜서 유전병의 치료나 미생물·동식물 개량, 병 치료나 이로운 산물의 대량 생산을 목적으로 한다.

## 생물학에서 공학으로

잠시 생명공학의 역사를 들여다볼까요?

'유전자 편집' 혹은 '유전자 조작'이라고 불리는 기술이 등장한 것은 약 50년 전으로 거슬러 올라가요. 1973년 미국의 두 과학자 스탠리 코언(Stanley Cohen)과 허버트 보이어(Herbert Boyer)가 박테리아에 '항생제 저항 유전자'를 집어넣는 데 성공했어요. '유전자 재조합'이라고 불리는 기술의 출발점이었죠. 그 이듬해 세계 최초로 유전자가 변형된 쥐가 실험실에서 태어났어요. 1983년에는 질병에 저항력을 가진 담배가, 1994년에는 잘 무르지 않는 토마토가 유전자 재조합을 통해 만들어졌지요.

**유전자 재조합**
세포에 다른 세포로부터 분리한 유전자 조각을 인위적으로 재조합하는 기술이다. 이러한 기술을 사용해 목적하는 물질을 생산하는 기술이 산업적으로 광범위하게 적용되고 있다.

세계를 놀라게 한 '동물 복제' 소식이 전해진 것은 1996년이에요. 영국에서 복제 양 돌리(Dolly)가 탄생했어요. 동물은 부모의 유전자가 합쳐져서 태어나는데, 돌리에게는 아빠의 유전자가 없어요. 엄마의 세포, 그것도 생식과 관련 없는 체세포의 유전자를 복제해서 탄생한 최초의 포유류였으니까요. 이어서 돼지, 소, 고양이, 쥐, 노새, 말, 개, 낙타, 원숭이 등 여러 포유류가 복제됐지요.

복제 기술은 멸종 위기 종을 보호하고 사라진 종을 복원하는 데 쓰일 수 있어요. 2002년 호주 연구자들은 60년도 더 전에 멸종된 태즈메이니아호랑이의 DNA를 복제했어요. 하지만

—○ 세계 최초의 유전자 변형 쥐(위). 유전자가 변형되어 빛을 내게 한 글로피시(아래). 모두 유전자공학이 아니면 탄생할 수 없는 생명체들이다.

DNA 복제에서 끝났고, 이 동물이 다시 태어나게 하지는 못했어요. 또한 러시아와 일본 연구 팀은 동토에 얼어붙어 있던 매머드의 사체에서 DNA를 뽑아내 복제하는 연구를 진행하고 있어요.

앞의 사례에서도 보듯이, 유전자 복제와 재조합은 경제적인 이익을 안겨 줄 수 있어요. 1990년 네덜란드 연구자들은 '헤르만(Herman)'이라는 소를 탄생시켰어요. 사람의 모유에는 바이러스에 저항하게 하는 락토페린이라는 성분이 들어 있어요. 우유보다 모유가 낫다고 말하는 이유 중의 하나예요. 헤르만은 락토페린이 함유된 우유를 생산하도록 한 유전자 변형 소였습니다. 이후 중국과 뉴질랜드 등에서는 모유와 유사한 우유를 생산하는 암소, 알레르기를 일으키지 않는 우유를 생산하는 암소가 유전자 재조합으로 태어났지요.

생명공학 기술은 영어로는 바이오테크놀로지(biotechnology)라고 해요. 생물의 유전자를 인위적으로 다시 조합하거나, 형질을 바꾸는 기술이죠. 그 잠재력은 이렇듯 무궁무진해요. 이미 미국에서는 전국에서 재배되는 목화와 대두(콩)와 옥수수 대부분이 유전자 변형 작물이에요. 유전자를 변형시킨 재료로 만든 기름 같은 식자재는 이미 널리 쓰여요. 유전자를 변형시

킨 동물로 만든 고기도 곧 식탁에 올라올 거고요.

이 모든 게 미래의 일이 아니라 이미 벌어지고 있는 일이에요. 대형 마트나 슈퍼마켓에 가서 식품을 살 때, 원산지와 성분 표시를 한번 보세요. '대두', 특히 수입산 대두가 든 식품이라면 십중팔구 유전자 변형 제품이에요. 또 '이 식품은 유전자 변형 성분이 포함돼 있을 가능성이 있는 식품을 제조한 설비에서 생산됐습니다.'라는 비비 꼬인 경고문을 담은 안내문도 흔히 볼 수 있어요.

의료 영역에서는 바이오테크놀로지가 '세계를 바꿀' 수 있어요. 백신을 개발하고, 당뇨병 치료제인 인슐린을 비롯해 질병 치료에 필요한 의약품을 인공적으로 합성해 대량으로 생산하죠. 인체에 이식할 인공 장기를 생산하고, 더 나아가 질병을 치료하기 위해 인체(수정란)의 유전자를 바꿀 수도 있어요.

특히 최근 생명공학의 미래를 성큼 다가오게 만든 일은 중국 의학자 허젠쿠이(賀建奎)의 시도예요. 에이즈와 관련된 'CCR5 유전자'를 없앤 쌍둥이 아기들을 인공 수정으로 탄생시켜서 세계를 놀라게 했죠. 이른바 '유전자 가위' 기술을 활용한 거예요.

그 작은 유전자를 자르고 붙이는 가위는 대체 뭘까요? 유전자의 염기 서열 중에 크리스퍼(CRISPR)가 있어요. 세균은 자기 몸에 들어온 바이러스를 막아 내기 위해 크리스퍼를 활용해요. 크리스퍼는 돋보기처럼 바이러스가 있는 유전자의 특정 부위를 찾아가고, 그러면 효소들이 크리스퍼가 지목한 유전자를 공격해 기능을 없애 버려요. 크리스퍼와 효소를 짝지은 것을 과학자들은 '유전자 가위'라고 불러요. 이 가위를 가지고 동식물이나 미생물의 DNA를 아주 정밀하게 잘라 낼 수 있기 때문이죠. 이 가위를 만들어 낸 프랑스의 에마뉘엘 샤르팡티에(Emmanuelle Charpentier)와 미국의 제니퍼 다우드나(Jennifer Doudna)는 2020년 노벨 화학상을 받았어요.

## "이 쥐는 4퍼센트가 인간입니다"

생명공학의 여러 분야를 조금 더 살펴볼까요?

미생물이나 바이러스는 때론 인간과 동식물에 해를 입히지만, 동시에 질병 치료나 농업이나 축산업의 발전을 돕는 도구나 자원이 될 수도 있어요. 생물 자원을 연구하는 일은 잠재력이 커요. 동식물의 세포를 실험실에서 키우는 기술, 단백질의 성질을 바꾸는 기술, 질병을 막아 주는 항체를 만드는 기술, 백신을 만들거나 유전자 치료법을 개발하는 기술, 화학 약품이 아닌 생물을 이용한 농약 개발, 그리고 아직 알려지지 않았지만 지금 개발 중인 기술에서 갈라져 나올 미래의 온갖 신기술로 이어지죠. 앞으로 이 분야에서 만들어질 일자리도 많을 거라고 전문가들은 기대해요. 수익이 창출될 뿐 아니라 지구와 인류를 도울 수 있으니까요.

동식물의 유전자 변형은 이미 널리 이뤄지고 있어요. 인간의 질병을 치료하기 위한 연구, 작물의 수확량을 늘리기 위한 연구, 식품의 질을 높이기 위한 연구도 있지요. 여기서 사람의 이익을 위해 동식물의 유전자를 변형시키고 있다는 점이 중요해요. 예를 들면 사람의 장기와 비슷한 장기를 가진 동물을

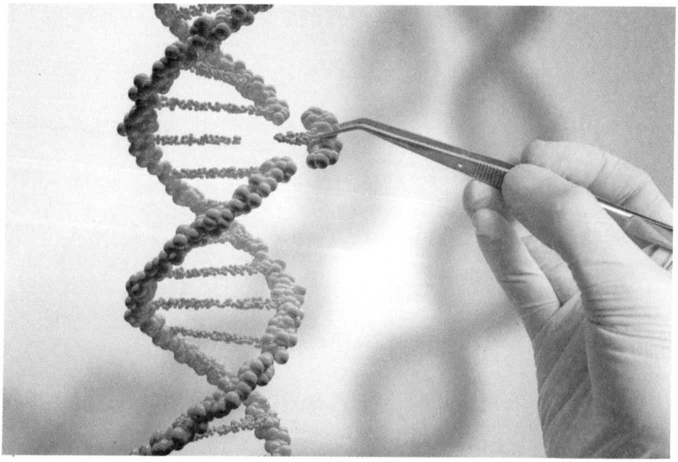

—○ 생명체의 DNA를 아주 정밀하게 잘라 낼 수 있는 '유전자 가위' 기술.

만들거나, 사람의 질병을 치료하는 데 도움 되는 성분을 가진 동물을 만들기 위한 유전자 변형 연구가 활발하다는 이야기지요.

그러기 위해 사람과 동물의 유전자를 합치는 연구를 과학자들이 한다면, 어떤 생각이 드나요? 2003년 중국 상하이의 과학자들은 토끼의 수정란에 사람 세포를 주입했어요. 2008년 영국에서는 과학자들이 소의 배아에 인간 DNA를 접목해 '하이브리드 배아'를 만들어 냈지요. 소의 배아에서 유전자 정보를 제거한 뒤 인간 DNA를 이식한 거예요. 이 배아는 영양 성분만 소에게서 얻었고, 유전적으로는 99.9퍼센트 인간 배아예요. 2017년에는 사람 유전자를 가진 돼지 배아가 만들어졌어요. 배아는 수정란이 세포 분열을 시작한 뒤의 단계를 가리켜요. 세포 분열을 더욱더 많이 해서 신체 기관이 형성되고 '태아'가 되기 이전까지를 배아라고 부르는데, 사람의 경우 보통 임신 8주 후부터는 배아가 아니라 태아로 규정해요.

2020년 5월 미국의 한 연구 팀은 사람의 줄기세포를 쥐의 배아에 넣는 실험을 했다고 발표했어요. 이를 인간의 적혈구와 눈 세포 등으로 발전시켰어요. 줄기세포는 아직 초기 분열 단계인 배아에 들어 있는 세포인데, 어떤 세포로 발전할지 기능이 정해지지 않은 원시적인 세포라고 생각하면 돼요. 장차 어떤 세포로든 자라날 수 있는 미분화 세포이자 일종의 만능 세포인 거죠. 연구 팀은 이렇게 만들어진 배아에서 인간의 세포가 4퍼센트 정도 검출됐다고 밝혔어요. '유전자의 4퍼센트가 인간인 쥐의 배아'가 만들어진 거죠.

**만능 세포**
지방 세포, 신경 세포 등 온갖 종류의 세포로 분화가 가능한 세포로, 줄기 세포가 대표적이며 '전능 세포'라고도 한다.

만일 그 쥐가 태어난다면 우리는 쥐를 보면서 '4퍼센트의 인류애'를 느끼게 될까요? 그 쥐가 다치거나 죽게 되면 사람에게 느끼는 것의 4퍼센트에 해당하는 연민을 느낄까요?

실은 이미 사람에게 유전자 편집을 적용한 사례가 있어요. 앞서 소개한 중국 의학자 허젠쿠이의 실험으로, 2018년에 세계를 놀라게 한 충격적인 뉴스였어요. 허젠쿠이는 부모가 에이즈에 걸린 탓에 태어날 아기들도 에이즈에 걸릴 위험이 커서 예방 조치로 유전자를 편집했다고 설명했어요. 하지만 상황은 그렇게 단순하지 않아요. 우선 안전성이 검증되지 않았어요. CCR5 유전자에 우리 몸에 꼭 필요한 다른 기능들이 있을 수도 있고, 또 유전자 편집 기술도 아직 안전하다고 확실히 말할 수는 없어요.

유전자는 A, G, C, T라고 이름이 붙은 염기로 이뤄져 있는데, 이것들이 AACGGCTTGACTG 식으로 서열을 이루고 있어요. 이 서열의 한 부분을 잘라 내거나 삽입하는 것을 '유전자 편집'이라고 하는데, 이 과정에서 자칫 의도하지 않은 실수라도 일어나면 태어날 아이에게 엄청난 피해를 줄 수 있지 않겠어요?

**염기 서열**

유전자를 구성하는 염기의 배열로 아데닌(A), 구아닌(G), 시토신(C), 티민(T)의 순서로 되어 있다. 인간 유전자의 경우, 이들 네 종류의 염기 30억 개가 일정한 순서로 늘어서 있다.

## 이미 시작된 생명공학의 시대

안전 문제를 끊임없이 고려해야 하지만, 생명공학이 인류에게 빛이 될 가능성도 커요. 유전자를 편집하는 가위가 손에 들어옴으로써 알츠하이머(치매)나 당뇨병을 비롯해 유전자 이상으로 생긴 질병을 치료할 방법을 찾아낼 희망도 커졌지요.

지금 질병을 앓는 사람들을 치료할 뿐 아니라 아직 나타나지 않은, 혹시 앞으로 걸릴지 모르는 병을 막아 줄지도 몰라요. 유전 질환을 가진 부모는 아이가 그 병을 물려받을까 봐 걱정하기 마련이에요. 수정란 상태에서 유전자를 편집해 아이의 질병을 미리 없애 줄 수 있다면 대부분의 부모가 그 방법을 택할 확률이 높겠지요.

더 나아가, 내 아이가 이러저러한 '형질'을 갖고 있기를 바라는 부모가 그런 유전자를 갖고 태어나도록 미래 자녀의 유전자를 편집할 수도 있을 거예요. 그 아이가 그런 형질들을 바랄지, 그 아이가 살아갈 미래에도 그 형질들이 아이의 삶에 유리할지는 알 수 없지만요.

먼 미래의 이야기처럼 들리죠? 크리스퍼를 비롯한 유전자 가위 기술은 이제 막 발전하는 단계예요. 하지만 유전자 편집이 머나먼 미래의 이야기는 아니에요. 이미 세계 각국은 이 분야를 키우기 위해 경쟁적으로 지원 정책을 펼치고 있어요. 한국 정부도 이미 2000년에 '바이오 산업 발전 방안'을 만들었고, 정보 기술과 함께 미래를 이끌 산업 분야로 밀고 있지요. 특히 고령화 사회가 되면서 '바이오 헬스' 분야에 관한 관심이 커지고 있어요.

특히 어떤 질병은 하나의 유전자를 편집함으로써 없앨 수 있는 가능성이 커요. 근육을 무너뜨리는 헌팅턴병이나 혈액이 굳지 않는 혈우병처럼, 단일한 유전자 이상이 일으키는 질병은 그 유전자를 없애거나 고치면 막을 수 있을 거예요. 이렇게 질병을 치료하기 위한 유전자 편집에는 찬성하는 사람들이 많을 수 있겠지요.

반면, 우리 몸의 어떤 기능을 더 나아지게 하기 위해서, 즉 '강화'하기 위한 유전자 편집에는 생명 윤리 전문가 대부분이 아직은 반대하고 있어요. 우리가 태어날 아이의 유전자를 미리 정해 줄 수 있을 때 그 아이에게, 그리고 사회 전체에 어떤 영향이 미

**바이오 헬스**

생명공학, 의·약학 지식에 기초해 인체에 사용되는 제품을 생산하거나 서비스를 제공하는 산업이다. 의약품, 의료 기기 등 제조업과 디지털 헬스 케어 서비스 등 의료·건강 관리 서비스업을 포함한다.

**헌팅턴병**

전 세계적으로 10만 명당 5~10명이 겪는 퇴행성 뇌 질환으로, 대표적인 증상으로 동작 이상, 인지 장애를 동반한다.

칠 것인지도 생각해 봐야겠지요. 부모는 아이에게 유전자를 물려주고 키우고 성인이 될 때까지 돌보는 존재이지만, 아이와 부모는 엄연히 다른 독립적인 존재예요. 장차 아이의 삶을 좌우할 수 있는 신체의 특성을, 부모라는 이유로 마음대로 빚어낼 수 있다면요? 아이가 어릴 적에 재능을 키워 주기 위해 피아노를 가르치거나, 운동을 시키거나, 공부를 더 많이 하라고 학원에 보내는 수준을 넘어선 부모의 '유전자 개입'은 아이의 인생에 절대적인 영향을 미칠 수 있어요.

게다가 사회적 형평성과 불평등의 문제도 생기죠. 돈 많은 부모들이 태어나기도 전에 태아에게 막대한 돈을 투자해 키 크고 잘생기고 머리도 좋고 질병도 없는 유전자를 선택할 수 있다면 그 아이들이 자라날 사회는 애초부터 불평등을 모두의 몸 안에 심어 놓은 사회가 될 거예요. 물론 이것은 상상일 뿐이에요. 키 크게 하는 유전자, 머리가 좋아지게 하는 특정 유전자가 있다는 증거는 아직 없어요. 키에는 유전적 요인뿐 아니라 식생활을 비롯해 여러 가지 요소가 영향을 미치죠. 지능 역시 마찬가지예요. 외모에서도 잘생기고 예쁜 것을 규정하는 판단 기준은 사회와 시대에 따라 달라져요.

그래서 새로운 분야로서 미래의 성장 가능성이 큰 측면과

—○ 현재 식물의 유전자 변형 연구도 활발히 진행되고 있다.

함께, 생명공학 기술에는 늘 '윤리 논란'이 따라붙지요. 자연계에 존재하는 것에 인위적으로 손을 대 뭔가를 바꾸는 것에는 어느 정도 위험이 있을 수 있고, 특히 그것이 인간 존재와 연결되어 있을 때는 더욱 그렇습니다. 그래서 생명공학은 빠르게 발전하는 것만큼이나 사회적인 논쟁거리가 되곤 해요.

의료 연구에서 인간은 한 걸음 한 걸음 종(種)의 장벽을 넘어서고 있어요. 하지만 인간의 마음과 생각, 뇌 구조, 동식물을 포함한 주변 환경과 인간이 맺어 온 관계는 수백만 년에 걸친 우리 종의 진화 과정을 통해 함께 변화해 왔어요. 과학 기술은 몇 년 만에 훌쩍 발전할 수 있지만, 우리의 마음과 생각은 그렇게 후다닥 진화하지 못해요. 사회 구조, 법률 체계와 규범도 기술의 발전에 맞춰 달라지는 데 꽤 긴 시간이 걸리고요.

## 고장 난 신체를 고쳐라!

기술 발전을 너무 걱정스럽게 바라볼 필요는 없을지도 몰라요. 할아버지, 할머니에게 보청기는 필수품이죠. 보철물, 의족, 의수 같은 인공 수족의 역사는 사실 오래됐어요. 과학이 발전하면서 사람의 몸을 보조하는 장비가 요즘에는 점점 사람의 몸과 합쳐지는 추세입니다. 마비된 팔다리에 특수 장치를 이식해서 전기를 흘려보내 신경을 자극하거나, 뇌 신경과 연결해 인공 수족을 실제 팔다리처럼 움직이게 하는 기술도 나날이 발전해요.

이식용 장기 생산도 발전을 거듭하지요. 2013년 미국의 연구 팀은 3D 프린터로 티타늄으로 된 귀의 뼈대를 만들고, 소의 콜라겐과 양의 연골을 주입해 배양한 뒤, 쥐의 등에 이식했어요. 쥐의 몸에서 그렇게 만들어진 사람의 귀가 자라났지요.

—○ 한국 농촌 진흥청이 장기 이식용으로 생산한 복제 미니 돼지들.

중국 과학자들은 사고로 귀를 잃은 남성의 팔에, 비슷한 방식으로 만든 인공 귀를 이식해 자라게 한 뒤, 2017년 이 인공 귀를 환자에게 접합했어요.

이미 여러 생명공학 회사가 유전자를 치료하는 방법을 연구하고 있어요. 코로나19 백신으로 유명한 미국 제약 회사 화이자(Pfizer)는 혈우병 유전자 연구를 진행해 임상 실험 단계에 와 있어요. 2025년 무렵이면 희귀병을 고치는 유전자 요법 중 미국 정부의 허가를 획득한 것이 10~20개에 이르고, 그 시장이 최소 1조 원대에 이를 것이라는 전망도 나오고 있어요.

한국도 유전자 연구에 힘을 쏟는 나라 중 하나예요. 2021년 1월 세계 최초로 한국 과학자들이 쥐의 미토콘드리아 유전자를 편집하는 데 성공했다는 보도가 나왔어요. 미토콘드리아는 세포 안에서 에너지를 생산하는 작은 기관인데, 미토콘드리아의 유전자가 잘못돼 나타나는 질환이 드물지 않아요. 그런데 앞에서 설명한 크리스퍼 유전자 가위로는 미토콘드리아의 DNA를 고칠 수가 없어요. 크리스퍼의 효소가 미토콘드리아를 둘러싼 막을 통과하지 못하기 때문이죠. 그래서 한국 연구 팀은 미국에서 개발된 '미토콘드리아용 유전자 가위'인 염기 교정 효소를 이용해 유전자를 편집했다고 해요.

질병과 장애로부터 풀려난 인간의 몸은 어쩌면 유사 이래 인류가 가져온 꿈이지요. 그러나 과학 기술이 발전하고 유전의 신비가 속속 베일을 벗으면서 우리는 새로운 생명 윤리, 새로운 가능성과 위험성을 고민해야 하는 상황에 다다랐어요.

예를 들면, 아이의 유전 질환을 고쳐 주기 위해 골수를 이식해 줄 수 있도록 아기를 한 명 더 낳기로 한 부모가 있다고 생각해 보세요. 어떤 목적을 가지고, 타인의 생명을 구하기 위

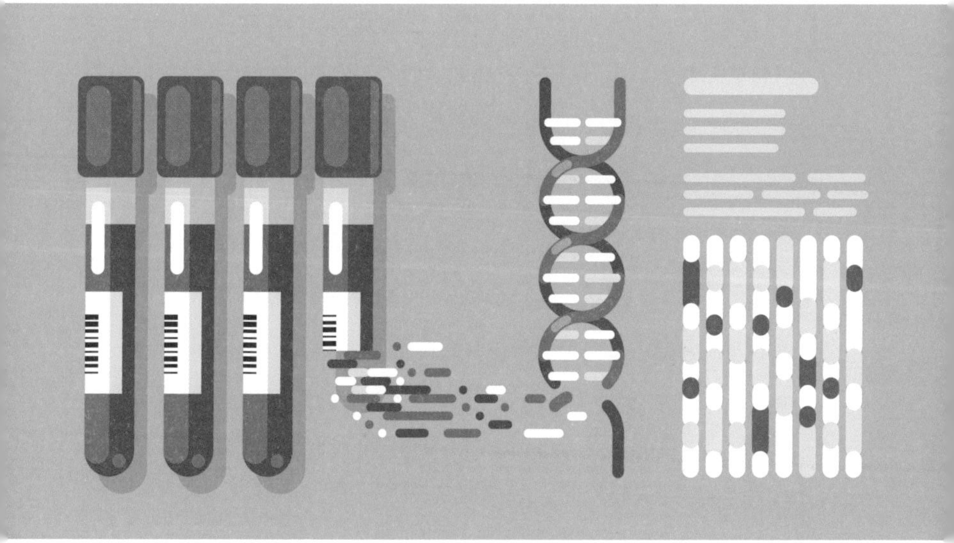

인간 유전자 연구는 새로운 고민과 선택을 가져오고 있다.

해 태어난 아기라니요. 실제로 영국에서 일어난 일입니다. 희귀병에 걸린 아들을 살리기 위해 부모가 유전자 이상이 없는 수정란을 '골라서' 둘째 아이를 낳았고, 둘째의 골수를 형에게 이식한 사건이었죠. 언론은 이 아이를 가리켜 수정란을 골라 낳았다는 점에서 '맞춤형 아기', '디자이너 베이비' 혹은 형제를 구하기 위해 태어났다는 뜻에서 '구세주 아기'라고 불렀어요.

이 일을 두고 논란이 일어났어요. 목적을 가지고 골라 낳은 아이라는 점에서 비판하는 이들도 많았지요. 사실 영국 정부가 수정란의 유전자 검사를 아예 허가해 주지 않아서 이 부모는 관련 법규가 없는 미국으로 건너가 아이를 낳았답니다. 이후 영국 의회는 불치병에 걸린 형제자매를 살리기 위해 인공수정으로 '치료용 맞춤 아기'를 낳는 것을 허용했어요.

태어난 아이는 골수를 형에게 이식해 줬지만 별 탈 없이 자라고 있고, 부모는 두 아이를 똑같이 사랑합니다. 하지만 만일 골수가 아니라 신장을 비롯한 이식용 장기를 구하기 위해 아기를 낳겠다는 부모가 있을 때 이 또한 허용해야 할까요? 쉽게 답할 수 없는 물음이에요. 머지않은 미래에 우리가 인체 유전자의 신비를 100퍼센트는 아닐지라도 꽤 많이 알게 된다면 그때 고민은 더 늘어날 거예요. 우리는 과연 어떤 선택을 할까요? 그리고 그 선택들은 인간이라는 존재에 어떤 영향을 미칠까요?

## 내 몸의 미래를 알 수 있게 된다면?

2013년 5월 미국의 유명 배우 앤젤리나 졸리(Angelina Jolie)

는 유방암을 예방하기 위해 유방 절제 수술을 받았다고 언론에 기고했어요. 유전자 돌연변이가 있어서 암에 걸릴 확률이 90퍼센트에 이르렀기에 그런 선택을 했다고 고백했지요.

2016년 세계 여러 나라를 넘나드는 의료계의 일대 사건이 일어났어요. '세 사람의 DNA'를 물려받은 아기가 탄생한 거예요. 부모는 중동의 요르단 사람이었는데, 멕시코에서 미국 의사들에게 시술을 받았어요. 아기 엄마는 신경 장애를 일으키는 변이 유전자를 갖고 있었고, 이 유전자가 아이에게 나타나면서 두 자녀를 잇달아 잃었지요. 이 유전 질환은 미토콘드리아의 유전자 이상 때문에 일어나요. 그런데 미토콘드리아의 유전자는 모계, 즉 엄마를 통해서만 유전돼요. 그래서 의료진은 엄마의 난자에서 유전 정보가 들어 있는 핵을 빼내고 다른 여성의 난자에서 핵을 추출한 후, 그 자리에 엄마에게서 가져온 핵을 집어넣었어요. 그렇게 해서 체외 인공 수정으로 태어난 아이는 부모의 유전자를 물려받았지만, 미토콘드리아 유전자만큼은 난자를 기증한 여성에게서 받은 거예요. 즉, 유전적인 부모가 3명이 된 거죠!

왜 이 나라 사람이 저 나라에서 또 다른 나라 의사의 시술을 받는 복잡한 일이 벌어진 걸까요? 생명공학 법규가 나라마다 다르고, 아직은 각국이 생명공학을 출산에 적용하는 것을 허가하지 않기 때문이에요. 세 사람의 유전자를 결합하는 체외 수정을 영국에서 법으로 허용했을 때도 찬반 논란이 컸어요. 그런데 영국에서는 인공 수정을 할 때 남은 수정란을 모두 폐기하게 되어 있어요. 아기 부모는 그것을 원치 않았기에, 나머지 수정란을 없애지 않아도 되는 멕시코로 갔다고 해요.

내 아이가 유전병에 걸릴 위험을 없애려는 부모의 마음, 이해되지요. 하지만 유전 정보를 가지고 미리 알아내는 것이 자칫 위험한 일이 될 수도 있어요. 2020년 캐나다에서 발효된 법안이 있는데, '유전자차별금지법(genetic non-discrimination act)'이에요. 이 법안은 이미 몇 년 전 의회에서 만들어졌지만 기업들이 반대해 왔는데, 대법원에서 법을 인정해 줬지요.

**유전자차별금지법**

건강 보험과 고용에서의 유전자 차별에 관한 문제로 인해 만들어진 법이다. 캐나다, 미국, 영국 등 각국은 유전 정보로 인한 차별을 금지하는 법을 제정해 문제를 방지하고 있다.

법의 내용은 말 그대로 '유전자 검사 결과를 가지고 사람을 차별해서는 안 된다.' 라는 거예요. 자, 취업할 때 우리는 보통 학력을 비롯한 스펙을 증명하는 서류를 내요. 그런데 기업이 유전자 검사를 해서 그 결과를 제출하라고 요구한다면 어떤 일이 벌어질까요? 보험을 들려는데 보험 회사에서 '유전적 질병에 걸릴 위험이 없다는 걸 입증해라, 그렇지 않으면 보험료를 비싸게 받겠다.'라고 요구한다면요?

캐나다에서 실제로 그런 일이 일어났기 때문에 이런 법안이 만들어진 거예요. 헌팅턴병이라는 희귀한 유전 질환이 있어요. 이 병은 유전자 검사로 미래의 발병 여부를 예측할 수 있어요. 한 기업이 유전자 검사에서 헌팅턴병 양성 판정을 받은 24살 남성을 해고했어요. 아직 병이 나타나지도 않은 청

유전 정보로 인한 차별을 금지하는 법을 여러 나라에서 제정하고 있다.

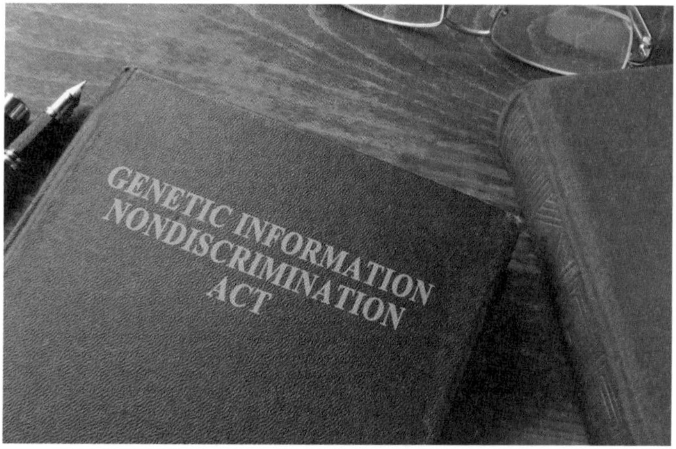

년이 미래에 걸릴 수 있는 질병 때문에 일자리를 잃은 거죠. 10~20년은 더 지나야 발병할 것으로 보이는 질병 때문에 지금 일하지도 못하게 하는 것은 너무 가혹한 일이 아닐까요?

차별을 넘어서, 너나없이 유전자를 뜯어고치는 일이 널리 퍼진 사회가 된다면 어떨까요? 자식을 사랑하는 마음에 수정란의 유전자를 교정하는 부모들이 늘어난다면요? 혹은 국가 차원에서 더 강한 나라를 만들겠다며 유전자 개량 정책을 도입한다면요?

답은 없습니다. 사회 정의와 건강하게 살아갈 모두의 권리를 위해 함께 토론해야 할 문제이지요. 정부가 보건 의료에 투자할 때 어떤 것을 더 중요하게 여길지, 어떤 분야에 우리의 세금을 투입할지와 관련된 구체적인 쟁점들이 앞으로는 유전자 분야에서 더욱 활발히 논의될 거예요. 이 모든 것이 앞으로 우리 모두가 함께 답을 찾아야 하는 과제이자 미래를 바꿀 선택이 될 거라는 점을 기억해 주세요.

## 유전자공학 핫&이슈▼

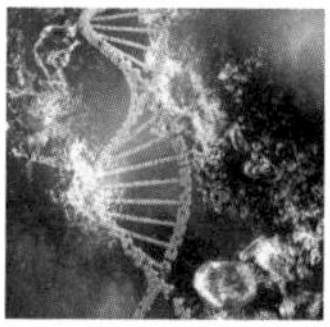

### 손정의, 생명공학에 수조 원 투자

일본의 투자가 손정의 소프트뱅크 회장이 2021년 4월 퇴임을 앞두고 생명공학에 수조 원을 투자하기로 결정했다. 생명공학은 미국 증시에서 성장 규모가 가장 큰 분야다. 특히 코로나19 사태로 생명공학과 보건 의료 산업에 대한 관심은 더욱 커지고 있다.

### 한국 생명공학 연구원, 미래 유망 기술 발표

한국 생명공학 연구원은 2021년 바이오 미래 유망 기술 발굴 결과를 웹 사이트에 공개했다. 광범위한 감염병으로 축산물 공급에 문제가 생길 것에 대비한 세포 배양 축산 기술, 인공지능을 활용한 단백질 분석 기술 등이다.

### 미 식품의약청, 유전자 변형 돼지고기 승인

2021년 2월 미국 식품의약청(FDA)이 유전자가 변형된 돼지를 식용으로 사용하는 것을 승인했다. '갈세이프(Galsafe)'라는 이름의 이 돼지는 '알파갤(alphagal)'이라는 당 성분에 알레르기를 가진 사람들이 먹을 수 있도록 유전자를 변형했다.

유 전 자 공 학 토 론

# 유전자를 변형시킨 곡물이나 고기, 식용으로 괜찮을까?

## ○ 찬성 ○

### 1. 유전자공학은 인공적으로 진화를 앞당긴 것뿐이다

유전자는 오랜 세월에 걸쳐 모든 생물에게서 변화해 왔다. 진화의 자연스러운 과정이다. 인공적으로 변화를 끌어냈다고 해서 특별히 위험할 이유는 없다.

### 2. 유전자공학은 우리 건강을 돕는다

흰쌀만 먹었을 때 생기는 비타민 A 결핍증을 줄여 주는 '골든 라이스'라는 유전자 변형 쌀도 있다. 유전자를 변형시켜서 우리 몸에 오히려 유익한 식품을 만들어 낼 수 있다. 병에 걸린 뒤에 치료하느니, 식품으로 먼저 병을 예방할 수 있다면 엄청난 이익이다.

### 3. 유전자공학은 좋은 변화를 가져올 수 있다

유전자 변형으로 식품 생산량을 늘려서 세상의 굶주리는 사람들에게 음식을 싸게 공급해 줄 수 있다. 생산성을 높여서 가격을 낮추면 세계에 도움이 되고, 경작지를 더 늘리지 않아도 되기 때문에 환경 파괴를 줄이는 데도 큰 도움이 될 것이다.

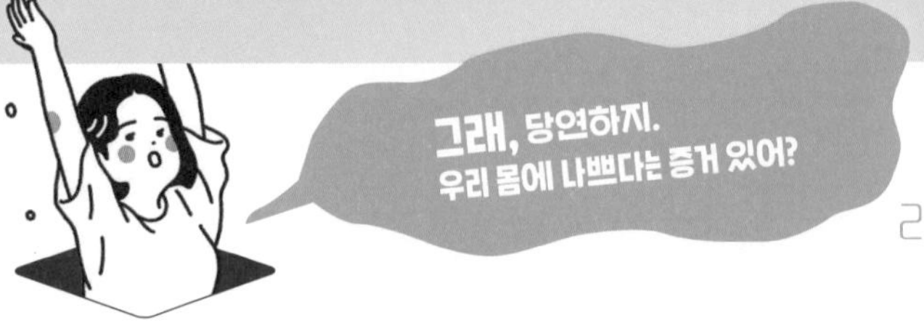

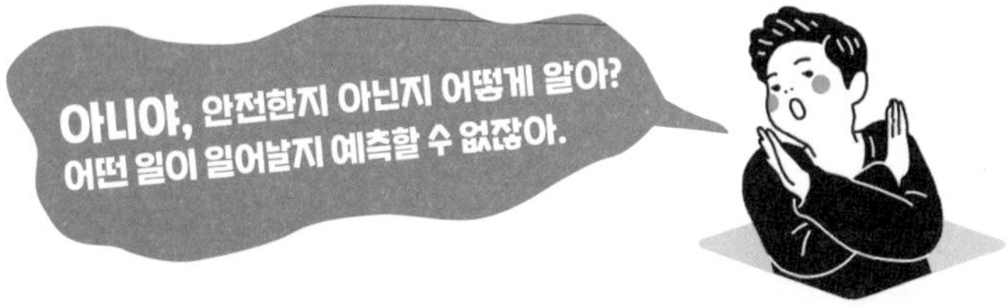


## ✖ 반대 ✖

### 1. 유전자공학의 부작용을 감당할 수 없다

인간은 신이 아니다. 멋대로 생명체의 유전자에 손을 댔다가 어떤 예측하지 못한 부작용이 일어날지 아무도 모른다.

### 2. 유전자공학으로 변형된 유전자가 자연에 피해를 줄 수 있다

사람의 몸에는 나쁘지 않을 수도 있다. 하지만 만약에 변형된 유전자를 가진 동식물이 자연계로 퍼져 나가서 엄청난 피해를 불러오면 어떻게 할 건지 방법이 있을지 우려된다.

### 3. 유전자공학이 도리어 세계 각국의 빈부 격차를 심화시킬 수 있다

미국이나 유럽의 거대한 생명공학 회사들이 유전자 변형 곡물 씨앗을 독점하면서 가난한 나라의 농부들에게 피해를 주기도 한다는데, 안전성도 문제이지만 그런 불균형도 큰 문제가 될 것이다.

# 참고 자료

## 인공지능

**인공지능을 다룬 소설**

『뉴로맨서』, 윌리엄 깁슨 지음, 김창규 옮김, 황금가지, 2005.
『아이, 로봇』, 아이작 아시모프 지음, 김옥수 옮김, 우리교육, 2008.
『프랑켄슈타인』, 메리 셸리 지음, 김선형 옮김, 문학동네, 2012.

**인공지능에 관한 영화**

〈2001 스페이스 오디세이〉, 스탠리 큐브릭 감독, 1968.
〈블레이드 러너〉, 리들리 스콧 감독, 1982.
〈바이센테니얼맨〉, 크리스 콜럼버스 감독, 1999.
〈엑스 머시나〉, 아라마키 신지 감독, 2008.
〈채피〉, 닐 블롬캠프 감독, 2015.
〈트랜센던스〉, 월리 피스터 감독, 2014.
〈프로메테우스〉, 리들리 스콧 감독, 2012.

## 로보틱스

『기계와의 경쟁』, 에릭 브린욜프슨·앤드루 맥아피 지음, 정지훈·류현정 옮김, 티움출판, 2013.
『마음의 아이들』, 한스 모라벡 지음, 박우석 옮김, 김영사, 2011.
『특이점이 온다』, 레이 커즈와일 지음, 장시형·김명남 옮김, 김영사, 2007.

**미국의 SF 작가 아이작 아시모프가 제안한 '로봇 공학의 3원칙'**

1. 로봇은 인간에 해를 가하거나, 혹은 필요한 행동을 하지 않음으로써 인간에게 해가 가도록 해서는 안 된다.
2. 로봇은 인간의 명령에 복종해야 한다. 하지만 그 명령이 첫 번째 법칙에 위배될 때는 예외로 한다.
3. 로봇도 스스로를 보호해야 한다. 하지만 그 보호가 첫 번째와 두 번째 법칙에 위배될 때는 예외로 한다.

## 자율주행

『3차 산업혁명』, 제러미 리프킨 지음, 안진환 옮김, 민음사, 2012.
『넥스트 모바일: 자율주행혁명』, 호드 립슨·멜바 컬만 지음, 박세연 옮김, 더퀘스트, 2017.
『자율주행』, 안드레아스 헤르만·발터 브레너·루퍼트 슈타들러 지음, 장용원 옮김, 한빛비즈, 2019.

**관련 사이트**

자율주행 기술의 6단계

https://tech.hyundaimotorgroup.com/kr/article/aiming-for-a-higher-level/

자율주행 관련 여론 조사

https://www.statista.com/chart/5950/concerns-about-self-driving-cars/

https://www.statista.com/chart/13531/global-opinion-divided-on-self-driving-cars/

## 가상현실

『가상은 현실이다: 페이스북, 알파고, 비트코인이 만든 새로운 질서』, 주영민 지음, 어크로스, 2019.
『가상현실의 탄생』, 재런 러니어 지음, 노승영 옮김, 열린책들, 2018.
『메타버스: 디지털 지구, 뜨는 것들의 세상』, 김상균 지음, 플랜비디자인, 2020.

**가상현실이 등장하는 영화와 드라마**

〈레디 플레이어 원〉, 스티븐 스필버그 감독, 2018.

: 2045년, 누구나 가상현실 '오아시스'에 갈 수 있고 그 안에서는 원하는 캐릭터로 뭐든지 할 수 있다.

〈매트릭스〉, 라나 워쇼스키·릴리 워쇼스키 감독, 1999.

: HMD 없이 몸에 직접 코드를 꽂고 가상현실에 접속한다. 가상현실로 간 나와 현실의 나는 누구인가.

〈알함브라 궁전의 추억〉, 안길호 피디, tvN, 2018.

: 특수 렌즈를 끼는 것만으로 증강현실 게임 속으로 들어간다.

**관련 사이트와 영상물**

Emblematic, 〈Hunger in L.A.〉

https://emblematicgroup.com/experiences/hunger-in-la/

Google, cardboard

https://arvr.google.com/intl/ko_kr/cardboard/manufacturers/

MBC, 〈VR 휴먼다큐멘터리 너를 만났다〉

http://program.imbc.com/meetyou

NASA, The Virtual Interface Environment Workstation (VIEW)

https://www.nasa.gov/ames/spinoff/new_continent_of_ideas/

NYT, Immersive (AR/VR)

https://www.nytimes.com/spotlight/augmented-reality


## 사물인터넷


『사물인터넷이 바꾸는 세상: MIT 지식 스펙트럼』, 새뮤얼 그린가드 지음, 최은창 옮김, 한울, 2017.

『아마존 웨이: 사물인터넷과 플랫폼 전략, 4차 산업혁명 시대를 주도하는 아마존 IoT 전략의 모든 것』, 존 로스만 지음, 김정혜 옮김, 와이즈맵, 2018.

**관련 자료와 사이트**

인터내셔널 데이터 코퍼레이션 코리아(International Data Corporation Korea Ltd.), 한국IDC, 국내 IoT 플랫폼 시장, 2023년까지 연평균 16.1% 성장 전망

https://www.idc.com/getdoc.jsp?containerId=prAP46180120

〈한국경제신문〉 케빈 애슈턴 인터뷰

http://iot.hankyung.com/appendix.html

행정 안전부·한국 정보화 진흥원, 정부 사물인터넷 도입 가이드라인

## 유전자공학

『내가 유전자를 고를 수 있다면』, 예병일 지음, 다른, 2019.
『완벽에 대한 반론: 생명공학 시대, 인간의 욕망과 생명윤리』, 마이클 샌델 지음, 이수경 옮김, 와이즈베리, 2016.
『크리스퍼 베이비: 유전자 변형 인간의 탄생』, 전방욱 지음, 이상북스, 2019.

**관련 자료와 사이트**

과학 기술 정보 통신부 생명공학 백서(2019. 5.)
국가 생명공학 정책 연구 센터
https://www.bioin.or.kr/index.do

## 사진 저작권

13쪽_ 언스플래쉬 ©Andrea De Santis
17쪽_ 연합뉴스
36쪽_ 언스플래쉬 @yendeg
38쪽_ ©Future of Life Institute
84쪽_ Wikimedia Commons
90쪽_ Wikimedia Commons
120~121쪽_ NASA
122쪽_ Wikimedia Commons
127쪽_ Wikimedia Commons ©Maurizio Pesce
137쪽_ Wikimedia Commons ©Andrew Mercer (위 사진)
137쪽_ 언스플래쉬 @surface (가운데 사진)
145쪽_ Wikipedia Commons
169쪽_ 언스플래쉬 @simon_bak (가운데 사진)
180쪽_ Wikimedia Commons ©Understanding Animal Research (위 사진)
193쪽_ 연합뉴스

# 과학을 달리는 십대: 스마트 테크놀로지


**초판 1쇄 펴낸날** 2021년 8월 2일
**초판 5쇄 펴낸날** 2024년 9월 30일

**지은이** 구정은 이지선
**그린이** PINJO
**펴낸이** 홍지연

**편집** 홍소연 이태화 김선아 김영은 차소영 서경민
**디자인** 이정화 박태연 박해연 정든해
**마케팅** 강점원 최은 신종연 김가영 김동휘
**경영지원** 정상희 여주현

**펴낸곳** ㈜우리학교
**출판등록** 제313-2009-26호(2009년 1월 5일)
**제조국** 대한민국
**주소** 04029 서울시 마포구 동교로12안길 8
**전화** 02-6012-6094
**팩스** 02-6012-6092
**홈페이지** www.woorischool.co.kr
**이메일** woorischool@naver.com




ISBN 979-11-6755-004-0 43500